1 1年生で ならった こと①

JN058924

点

1 たし算を しましょう。

5点(1つ2)

① 2+1

② 1+3

③ 3+3

④ 5+2

⑤ 6+2

⑥ 3+4

⑦ 8+1

⑧ 4+5

⑨ 7+3

⑩ 2+8

⑪ 1+0

⑫ 0+9

⑬ 9+5

⑭ 8+3

⑮ 7+7

⑯ 6+8

⑰ 3+8

⑱ 5+9

⑲ 4+7

⑳ 6+6

㉑ 11+4

㉒ 30+40

㉓ 22+7

⑬〜⑳は、
10の まとまりを
つくれば いいね。

❷ ひき算を しましょう。

① $2-1$　　② $5-3$

③ $4-2$　　④ $9-5$

⑤ $7-1$　　⑥ $8-3$

⑦ $6-4$　　⑧ $10-5$

⑨ $10-8$　　⑩ $9-0$

⑪ $12-9$　　⑫ $13-6$

⑬ $17-8$　　⑭ $15-7$

⑮ $14-4$　　⑯ $60-20$

⑰ $36-3$　　⑱ $13-5$

⑲ $18-9$　　⑳ $35-10$

❸ 計算を しましょう。

① $1+2+2$　　② $7+3+4$

③ $8-3-2$　　④ $17-5-1$

⑤ $4+2-1$　　⑥ $16-5+2$

⑦ $13-3+7$

一のくらいの 数どうしが ひけない ときは、もとの 数を 10と
のこりの 数に わけて 考えるんだったね。

月　日　　時　分〜　時　分

名前

点

① たし算を しましょう。

46点(1つ2)

① 3+2

② 2+2

③ 7+1

④ 5+4

⑤ 4+4

⑥ 2+7

⑦ 3+6

⑧ 6+1

⑨ 5+5

⑩ 4+6

⑪ 2+0

⑫ 0+8

⑬ 9+3

⑭ 5+7

⑮ 8+4

⑯ 8+8

⑰ 7+6

⑱ 3+9

⑲ 4+8

⑳ 6+7

㉑ 10+6

㉒ 20+50

㉓ 32+4

ゆびや ブロックを つかわずに、あたまの 中で 計算できたかな?

❷ ひき算を しましょう。

① 3−2　　② 5−4

③ 8−1　　④ 9−7

⑤ 7−6　　⑥ 6−3

⑦ 8−4　　⑧ 10−6

⑨ 10−3　　⑩ 0−0

⑪ 11−4　　⑫ 14−8

⑬ 12−6　　⑭ 15−9

⑮ 13−3　　⑯ 25−5

⑰ 50−20　　⑱ 16−4

⑲ 19−7　　⑳ 30−20

❸ 計算を しましょう。

① 4＋6＋4　　② 9−6−2

③ 5＋2−3　　④ 7＋3−6

⑤ 8−2＋4　　⑥ 15−5＋3

⑦ 12＋7−5

10を こえる たし算は、あと いくつ たせば 10に なるかを 考えるんだったね。

3 くり上がりの ない たし算の ひっ算

❶ たし算を しましょう。　2点(1つ1)

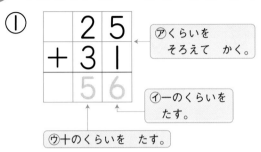

①
```
  2 5
+ 3 1
  5 6
```
⑦ くらいを そろえて かく。
④ 一のくらいを たす。
⑦ 十のくらいを たす。

②
```
  6 1
+ 2 8
  8 9
```

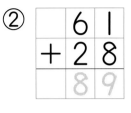

このような 計算の しかたを ひっ算と いうよ。

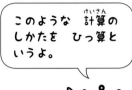

❷ たし算を しましょう。　32点(1つ2)

①
```
  1 4
+ 1 1
```

②
```
  3 1
+ 5 6
```

③
```
  4 2
+ 2 2
  6 4
```

④
```
  8 3
+ 1 5
```

⑤
```
  3 3
+ 3 4
  6 7
```

⑥
```
  6 5
+ 2 2
```

⑦
```
  7 9
+ 2 0
```

⑧
```
  5 0
+ 4 1
```

⑨
```
  6 2
+   7
  6 9
```

⑩
```
  5 4
+   2
```

⑪
```
  8 1
+   5
```

⑫
```
  3 0
+   9
```

⑬
```
    5
+ 7 1
  7 6
```

⑭
```
    2
+ 3 6
```

⑮
```
    3
+ 2 0
```

⑯
```
    8
+ 6 0
```

❸ たし算を しましょう。 48点(1つ3)

① 　 32
　 ＋13

② 　 45
　 ＋24

③ 　 27
　 ＋52

④ 　 14
　 ＋84

⑤ 　 56
　 ＋42

⑥ 　 28
　 ＋61

⑦ 　 70
　 ＋19

⑧ 　 38
　 ＋30

⑨ 　 95
　 ＋ 2

⑩ 　 63
　 ＋ 3

⑪ 　 31
　 ＋ 7

⑫ 　 50
　 ＋ 7

⑬ 　 　 7
　 ＋41

⑭ 　 　 5
　 ＋23

⑮ 　 　 3
　 ＋72

⑯ 　 　 4
　 ＋80

❹ ひっ算で しましょう。 18点(1つ3)

① 21＋31

② 46＋3

③ 2＋75

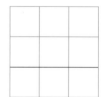

④ 62＋13

⑤ 34＋5

⑥ 4＋83

たし算の ひっ算は、くらいを たてに そろえて かくよ。とくに、けたが ちがう 数の ひっ算は、まちがえやすいから 気を つけよう。

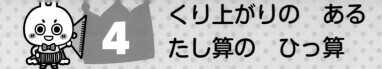

4 くり上がりの ある たし算の ひっ算

月　日　　時　分〜　時　分

名前

点

❶ たし算を しましょう。

2点(1つ1)

①
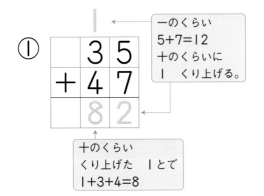

一のくらい
5+7=12
十のくらいに
1 くり上げる。

$$\begin{array}{r} 3\ 5 \\ +4\ 7 \\ \hline 8\ 2 \end{array}$$

十のくらい
くり上げた 1とで
1+3+4=8

②
$$\begin{array}{r} 2\ 4 \\ +1\ 9 \\ \hline 4\ 3 \end{array}$$

十のくらいに
1 くり上がる
たし算だよ。

❷ たし算を しましょう。

32点(1つ2)

①
$$\begin{array}{r} 2\ 7 \\ +3\ 4 \\ \hline 6\ 1 \end{array}$$

②
$$\begin{array}{r} 3\ 6 \\ +1\ 6 \\ \hline \end{array}$$

③
$$\begin{array}{r} 5\ 8 \\ +2\ 7 \\ \hline \end{array}$$

④
$$\begin{array}{r} 1\ 2 \\ +6\ 9 \\ \hline \end{array}$$

⑤
$$\begin{array}{r} 3\ 2 \\ +2\ 9 \\ \hline \end{array}$$

⑥
$$\begin{array}{r} 4\ 3 \\ +2\ 8 \\ \hline \end{array}$$

⑦
$$\begin{array}{r} 3\ 9 \\ +3\ 3 \\ \hline \end{array}$$

⑧
$$\begin{array}{r} 7\ 4 \\ +1\ 6 \\ \hline \end{array}$$

⑨
$$\begin{array}{r} 8\ 3 \\ +\ \ 8 \\ \hline \end{array}$$

⑩
$$\begin{array}{r} 1\ 6 \\ +\ \ 7 \\ \hline \end{array}$$

⑪
$$\begin{array}{r} 4\ 8 \\ +\ \ 4 \\ \hline \end{array}$$

⑫
$$\begin{array}{r} 5\ 7 \\ +\ \ 3 \\ \hline \end{array}$$

⑬
$$\begin{array}{r} \ \ 5 \\ +7\ 8 \\ \hline \end{array}$$

⑭
$$\begin{array}{r} \ \ 9 \\ +6\ 9 \\ \hline \end{array}$$

⑮
$$\begin{array}{r} \ \ 4 \\ +2\ 9 \\ \hline \end{array}$$

⑯
$$\begin{array}{r} \ \ 5 \\ +3\ 5 \\ \hline \end{array}$$

③ たし算を しましょう。

① 18
  +18

② 34
  +29

③ 65
  +17

④ 26
  +56

⑤ 25
  +26

⑥ 77
  +14

⑦ 26
  +64

⑧ 42
  +38

⑨ 39
  + 4

⑩ 68
  + 7

⑪ 56
  + 5

⑫ 23
  + 7

⑬ 8
  +24

⑭ 2
  +79

⑮ 8
  +46

⑯ 6
  +64

④ ひっ算で しましょう。

① 36+48

② 73+9

③ 4+57

④ 27+67

⑤ 45+6

⑥ 8+82

一のくらいの 計算が、10より 大きく なる ときは、十のくらいに 1 くり上がるよ。

① たし算を しましょう。　　　48点(1つ2)

①
```
   15
 +12
```

②
```
   24
 +24
```

③
```
   52
 +36
```

④
```
   33
 +63
```

⑤
```
   74
 +25
```

⑥
```
   47
 +20
```

⑦
```
   83
 +10
```

⑧
```
   30
 +40
```

⑨
```
   65
 + 4
```

⑩
```
   40
 + 7
```

⑪
```
    2
 +95
```

⑫
```
    8
 +50
```

⑬
```
   26
 +16
```

⑭
```
   54
 +18
```

⑮
```
   32
 +49
```

⑯
```
   68
 +28
```

⑰
```
   19
 +67
```

⑱
```
   45
 +46
```

⑲
```
   77
 +13
```

⑳
```
   26
 +54
```

㉑
```
   58
 + 7
```

㉒
```
   29
 + 5
```

㉓
```
    3
 +78
```

㉔
```
    7
 +35
```

❷ たし算を しましょう。 32点(1つ2)

① 　16
　＋53

② 　41
　＋37

③ 　45
　＋18

④ 　34
　＋23

⑤ 　37
　＋36

⑥ 　50
　＋28

⑦ 　47
　＋ 7

⑧ 　27
　＋63

⑨ 　27
　＋60

⑩ 　84
　＋14

⑪ 　53
　＋29

⑫ 　66
　＋ 3

⑬ 　79
　＋ 2

⑭ 　22
　＋ 8

⑮ 　72
　＋ 5

⑯ 　 6
　＋84

❸ ひっ算で しましょう。 20点(1つ4)

① 52＋33　　② 16＋60　　③ 36＋49

④ 75＋3　　⑤ 8＋28

十のくらいに 1 くり上げた ときは、十のくらいの 計算に 気を
つけよう。くり上げた 1も わすれずに たすんだよ。

月　日　　時　分〜　時　分
名前
てん点

1 24＋31 を ひっ算で して、答えの たしかめも しましょう。

6点（1つ3）

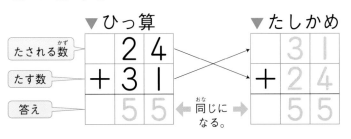

▼ひっ算
たされる数
たす数
答え

２４
＋３１
５５

←同じになる。→

▼たしかめ
３１
＋２４
５５

たし算では、たされる数と たす数を 入れかえても 答えは 同じだよ。

2 ひっ算で して、答えの たしかめも しましょう。

30点（1つ5）

① 　１６
　＋３２
　➡ 〔たしかめ〕
３２
＋１６

② 　４８
　＋２０
　➡ 〔たしかめ〕

③ 　５６
　＋３７
　➡ 〔たしかめ〕

④ 　３２
　＋１８
　➡ 〔たしかめ〕

⑤ 　７３
　＋　５
　➡ 〔たしかめ〕

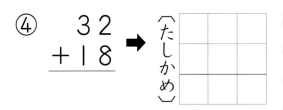

⑥ 　　９
　＋６４
　➡ 〔たしかめ〕

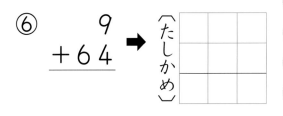

❸ ひっ算で して、答えの たしかめも しましょう。

64点(1つ8)

① 72+15

〔ひっ算〕
```
  7 2
+ 1 5
  8 7
```

〔たしかめ〕
```
  1 5
+ 7 2
  8 7
```

② 53+30

〔ひっ算〕 〔たしかめ〕

③ 28+67

〔ひっ算〕 〔たしかめ〕

④ 65+26

〔ひっ算〕 〔たしかめ〕

⑤ 44+16

〔ひっ算〕 〔たしかめ〕

⑥ 31+49

〔ひっ算〕 〔たしかめ〕

⑦ 82+6

〔ひっ算〕 〔たしかめ〕

⑧ 6+37

〔ひっ算〕 〔たしかめ〕

たし算の 答えは、たされる数と たす数を 入れかえても 答えが
同じに なって いるかを たしかめよう。

月　日　　時　分〜　時　分

なまえ
名前

てん
点

❶ ひき算を しましょう。　　　　　　　　　　　　2点(1つ1)

①
```
  5 3
− 2 1
  3 2
```

⑦ くらいを
そろえて かく。

⑦ 一のくらいを
ひく。

⑦ 十のくらいを ひく。

②
```
  7 6
− 1 4
  6 2
```

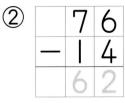

ひき算も
ひっ算で
計算できるよ。

❷ ひき算を しましょう。　　　　　　　　　　　　32点(1つ2)

①
```
  3 4
− 1 2
```

②
```
  4 8
− 3 5
```

③
```
  6 5
− 4 1
  2 4
```

④
```
  9 3
− 5 2
```

⑤
```
  8 7
− 6 0
  2 7
```

⑥
```
  5 4
− 5 1
    3
```

⑦
```
  7 9
− 7 2
```

⑧
```
  4 6
− 2 0
```

⑨
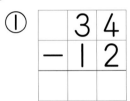
```
  6 6
−   5
  6 1
```

⑩
```
  2 8
−   4
```

⑪
```
  3 3
−   2
```

⑫
```
  8 7
−   3
```

⑬
```
  9 7
−   1
```

⑭
```
  5 6
−   4
```

⑮
```
  4 5
−   5
```

⑯
```
  7 4
−   4
```

❸ ひき算を しましょう。　　　　　48点(1つ3)

① 　63
　　−51

② 　37
　　−23

③ 　76
　　−55

④ 　94
　　−30

⑤ 　46
　　−16

⑥ 　84
　　−81

⑦ 　29
　　−27

⑧ 　52
　　−50

⑨ 　78
　　−　7

⑩ 　53
　　−　2

⑪ 　46
　　−　4

⑫ 　85
　　−　3

⑬ 　35
　　−　4

⑭ 　94
　　−　3

⑮ 　27
　　−　7

⑯ 　66
　　−　6

❹ ひっ算で しましょう。　　　　　18点(1つ3)

① 65−13

② 59−47

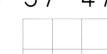

③ 34−2

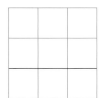

④ 84−62

⑤ 24−21

⑥ 78−6

ひき算の ひっ算も くらいを たてに そろえて かくよ。とくに、
1けたの 数を ひくときは、まちがえやすいから 気を つけよう。

月 日　時 分〜 時 分

名前

点

① ひき算を しましょう。　　　　　　　2点(1つ1)

5

①
```
  6 4
- 3 8
  2 6
```

⑦一のくらい
十のくらいから
1 くり下げて
14−8＝6

④十のくらい
1 くり下げたから 5
5−3＝2

3

②
```
  4 1
- 2 5
  1 6
```

一のくらいが
ひけない ときは、
十のくらいから
1 くり下げるよ。

② ひき算を しましょう。　　　　　　　32点(1つ2)

4

①
```
  5 7
- 1 9
  3 8
```

②
```
  7 2
- 4 6
```

③
```
  3 3
- 1 6
```

④
```
  6 5
- 4 7
```

⑤
```
  8 6
- 3 8
```

⑥
```
  4 0
- 1 5
```

⑦
```
  9 1
- 8 7
```

⑧
```
  5 0
- 3 2
```

⑨
```
  3 5
-   6
```

⑩
```
  7 4
-   7
```

⑪
```
  5 1
-   4
```

⑫
```
  4 8
-   9
```

⑬
```
  2 0
-   1
```

⑭
```
  8 0
-   5
```

⑮
```
  9 0
-   3
```

⑯
```
  6 0
-   8
```

③ ひき算を しましょう。 48点(1つ3)

①	68 − 1 9	②	84 − 5 5	③	4 1 − 2 9	④	52 − 3 4
⑤	75 − 4 7	⑥	90 − 6 2	⑦	35 − 2 8	⑧	70 − 6 1
⑨	46 − 9	⑩	2 1 − 3	⑪	73 − 7	⑫	52 − 5
⑬	82 − 3	⑭	94 − 8	⑮	30 − 2	⑯	40 − 6

④ ひっ算で しましょう。 18点(1つ3)

① 57−39　　② 70−19　　③ 91−4

  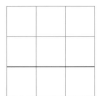

④ 40−31　　⑤ 82−76　　⑥ 50−7

👨 一のくらいから ひけない ときは、十のくらいから 1 くり下げるよ。
十のくらいの 計算は、1 くり下げたのを わすれないでね。

月 日　時 分〜 時 分

名前

点

① ひき算を しましょう。

48点(1つ2)

① 63
－21

② 49
－37

③ 95
－64

④ 57
－24

⑤ 81
－60

⑥ 73
－33

⑦ 46
－45

⑧ 92
－90

⑨ 36
－ 3

⑩ 89
－ 6

⑪ 58
－ 8

⑫ 23
－ 3

⑬ 71
－34

⑭ 66
－18

⑮ 94
－57

⑯ 43
－29

⑰ 30
－11

⑱ 50
－35

⑲ 28
－19

⑳ 60
－59

㉑ 47
－ 8

㉒ 82
－ 4

㉓ 63
－ 6

㉔ 70
－ 7

❷ ひき算を しましょう。

① 　36
　 −24

② 　74
　 −41

③ 　75
　 −59

④ 　67
　 −13

⑤ 　52
　 −30

⑥ 　98
　 −89

⑦ 　52
　 − 8

⑧ 　35
　 − 5

⑨ 　62
　 −37

⑩ 　31
　 −14

⑪ 　88
　 −56

⑫ 　53
　 −26

⑬ 　40
　 −25

⑭ 　29
　 −23

⑮ 　96
　 − 2

⑯ 　20
　 − 4

❸ ひっ算で しましょう。

① 64−41　　② 73−34　　③ 50−28

④ 98−5　　⑤ 42−4

十のくらいから 1 くり下げた ときは、十のくらいの 計算に 気を つけよう。十のくらいが 1 小さく なって いるよ。

月　日　　時　分〜　時　分

名前

点

① 67−14 を ひっ算で して、答えの たしかめも しましょう。

6点(1つ3)

▼ひっ算

	6	7
−	1	4
	5	3

ひかれる数
ひく数
答え

同じに なる。

▼たしかめ

	1	4
+	5	3
	6	7

ひく数＋答え
＝ひかれる数
に なるよ。

② ひっ算で して、答えの たしかめも しましょう。

30点(1つ5)

①
```
  7 8
− 6 4
  1 4
```
➡ 〔たしかめ〕

	6	4
+	1	4

②
```
  3 2
− 1 8
```
➡ 〔たしかめ〕

③
```
  6 5
− 2 7
```
➡ 〔たしかめ〕

④
```
  5 0
− 3 6
```
➡ 〔たしかめ〕

⑤
```
  4 3
−   4
```
➡ 〔たしかめ〕

⑥
```
  3 0
−   6
```
➡ 〔たしかめ〕

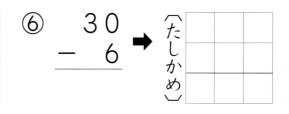

③ ひっ算で　して、答えの　たしかめも　しましょう。

64点(1つ8)

① 86−35

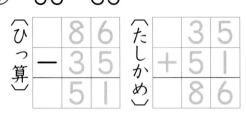

② 43−19

③ 54−26

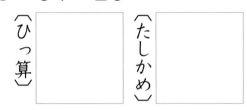

④ 32−17

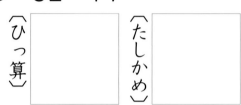

⑤ 70−64

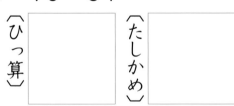

⑥ 40−38

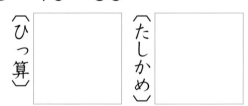

⑦ 67−9

⑧ 90−3

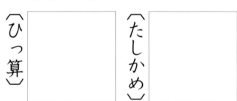

ひっ算は　まちがえやすいから　答えの　たしかめの　しかたを
おぼえて　おこう。ひき算は、たし算を　つかって　たしかめよう。

11 まとめの テスト

1 たし算を しましょう。

36点(1つ3)

①	13
	+25

② 　52
　　+16

③ 　64
　　+ 2

④ 　　5
　　+70

⑤ 　22
　　+69

⑥ 　37
　　+47

⑦ 　48
　　+23

⑧ 　51
　　+29

⑨ 　76
　　+ 5

⑩ 　23
　　+ 7

⑪ 　　6
　　+15

⑫ 　　2
　　+68

2 ひっ算で して、答えの たしかめも しましょう。

12点(1つ3)

① 25+48

② 8+76

▼ひっ算　▼たしかめ

▼ひっ算　▼たしかめ

③ ひき算を しましょう。

① 　62
　 −21

② 　57
　 −34

③ 　84
　 −80

④ 　35
　 − 3

⑤ 　74
　 −38

⑥ 　95
　 −56

⑦ 　30
　 −17

⑧ 　48
　 −39

⑨ 　21
　 − 5

⑩ 　83
　 − 6

⑪ 　65
　 − 9

⑫ 　70
　 − 2

④ ひっ算で して、答えの たしかめも しましょう。

① 42−15

▼ひっ算　　▼たしかめ

② 96−7

▼ひっ算　　▼たしかめ

月 日 時 分～ 時 分
名前
てん点

❶ 数字で かきましょう。 20点(1つ4)

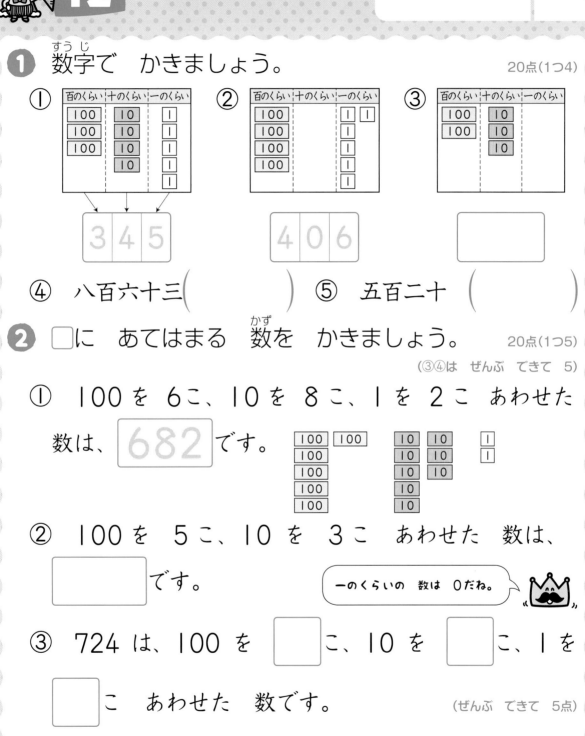

① | 百のくらい | 十のくらい | 一のくらい |

→ 3 4 5

② → 4 0 6

③ → □

④ 八百六十三 ( )　　⑤ 五百二十 ( )

❷ □に あてはまる 数を かきましょう。 20点(1つ5)

(③④は ぜんぶ できて 5)

① 100 を 6こ、10 を 8こ、1 を 2こ あわせた

数は、**682** です。

② 100 を 5こ、10 を 3こ あわせた 数は、

□ です。　　一のくらいの 数は 0だね。

③ 724 は、100 を □ こ、10 を □ こ、1 を

□ こ あわせた 数です。 (ぜんぶ できて 5点)

④ 803 は、□ を 8こ、□ を 3こ あわ

せた 数です。 (ぜんぶ できて 5点)

③ □に あてはまる 数を かきましょう。

(⑤⑥⑦は ぜんぶ できて 6)

① 10 を 12 こ あつめた 数は 120 です。

⑩⑩⑩⑩⑩⑩⑩⑩⑩⑩ ⑩⑩
    100

② 10 を 37 こ あつめた 数は □ です。

③ 140 は 10 を 14 こ あつめた 数です。

⑩⑩⑩⑩⑩ ➡ ⑩ が 10 こと 4こ

④ 530 は、10 を □ こ あつめた 数です。

⑤ 397－398－399－400－□－402

(ぜんぶ できて 6点)

⑥ 250－□－350－□－450－500

(ぜんぶ できて 6点)

⑦ 770－780－790－□－810－□

(ぜんぶ できて 6点)

⑧ 100 を □ こ あつめた 数は 1000 です。

⑨ 1000 は □ より 10 大きい 数です。

⑩ 1000 より 1 小さい 数は □ です。

1000 は 10 を 100こ あつめた 数とも いえるよ。
1000 は 千と よむよ。

13 何十の 計算

1 たし算を しましょう。　　　24点(1つ2)

① 70+40＝110

② 80+50

③ 50+60　　　　④ 90+30

⑤ 40+80　　　　⑥ 80+70

⑦ 60+60　　　　⑧ 20+90

⑨ 80+90　　　　⑩ 70+70

⑪ 30+80　　　　⑫ 90+60

2 ひき算を しましょう。　　　24点(1つ2)

① 120−50＝70

③ 160−80　　　　④ 110−30

⑤ 150−60　　　　⑥ 140−50

⑦ 110−50　　　　⑧ 170−90

⑨ 120−40　　　　⑩ 130−60

⑪ 180−90　　　　⑫ 140−70

② 130−90

❸ たし算を しましょう。 24点(1つ2)

① 50+80　　② 70+90

③ 60+90　　④ 80+80

⑤ 40+70　　⑥ 60+70

⑦ 50+90　　⑧ 90+20

⑨ 70+50　　⑩ 80+60

⑪ 90+90　　⑫ 90+40

❹ ひき算を しましょう。 28点(1つ2)

① 140−60　　② 110−20

③ 160−90　　④ 150−70

⑤ 120−60　　⑥ 170−80

⑦ 130−40　　⑧ 120−90

⑨ 150−80　　⑩ 160−70

⑪ 130−50　　⑫ 110−60

⑬ 140−90　　⑭ 120−80

何十の 計算は、10の まとまりで 考えれば いいね。くり上がりや
くり下がりに 気を つけて 計算しよう。

月 日 時 分～ 時 分

名前

1 たし算を しましょう。 24点(1つ2)

① 300＋300＝600

② 200＋500

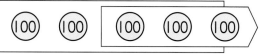

③ 400＋100

④ 700＋200

⑤ 100＋800

⑥ 300＋400

⑦ 600＋200

⑧ 500＋300

⑨ 200＋700

⑩ 400＋400

⑪ 300＋200

⑫ 500＋200

2 ひき算を しましょう。 20点(1つ2)

① 500－300＝200

② 600－200

③ 700－400

④ 300－100

⑤ 400－200

⑥ 800－500

⑦ 900－600

⑧ 700－200

⑨ 600－300

⑩ 500－400

❸ たし算を しましょう。

① 300+20=320

② 700+60

③ 500+40

④ 800+10

⑤ 80+900

⑥ 70+500

⑦ 600+3=603

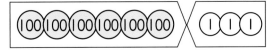

⑧ 800+2

⑨ 300+8

⑩ 900+5

❹ ひき算を しましょう。

① 320−20=300

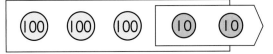

② 540−40

③ 930−30

④ 770−70

⑤ 650−50

⑥ 810−10

⑦ 408−8=400

⑧ 702−2

⑨ 603−3

⑩ 307−7

⑪ 506−6

⑫ 901−1

何百何十の 計算は、百を いくつ 十を いくつ あわせた 数かを 考えると いいね。

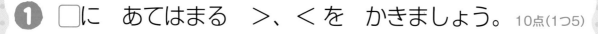

月　日　　時　分〜　時　分
名前
てん点

① □に　あてはまる　＞、＜を　かきましょう。 10点(1つ5)

① 567 $<$ 658　　② 736 □ 734

百	十	一
5	6	7
6	5	8

百のくらいの
数字は
5と6だから……

百のくらいの　数字を　くらべる。

百	十	一
7	3	6
7	3	4

② □に　あてはまる　＞、＜を　かきましょう。 30点(1つ2)

① 296 □ 317　　② 453 □ 389

③ 624 □ 596　　④ 735 □ 828

⑤ 476 □ 467　　⑥ 574 □ 547

⑦ 824 □ 845　　⑧ 695 □ 659

⑨ 964 □ 956　　⑩ 710 □ 711

⑪ 309 □ 305　　⑫ 508 □ 507

⑬ 99 □ 101　　⑭ 103 □ 96

⑮ 102 □ 91

❸ >、<、=を つかって、しきに かきましょう。

① 100 $<$ 60+50　② 180−20 $=$ 160

60+50=110 だから…

100は 60+50より 小さい。　180−20は 160と 同じ。

③ 130 ☐ 80+70　④ 150−70 ☐ 100

⑤ 170 ☐ 90+60　⑥ 160−50 ☐ 120

⑦ 60+80 ☐ 140　⑧ 90 ☐ 190−100

⑨ 150 $=$ 70+80　⑩ 100 $>$ 180−90

❹ >、<、=を つかって、しきに かきましょう。

① 103 ☐ 70+30　② 130−60 ☐ 71

③ 109 ☐ 30+80　④ 141 ☐ 180−40

⑤ 70+50 ☐ 122　⑥ 40+60 ☐ 101

⑦ 400−50 ☐ 300　⑧ 600 ☐ 520+90

⑨ 700 ☐ 650+50　⑩ 900 ☐ 920−70

>、<の きごうは、大小を あらわす しるして、「100＞60」は 「100は 60より 大きい」と いう ことだよ。

月　日　　時　分〜　時　分

名前

てん
点

1 みんなで なんびきですか。2 とおりの しかたで
計算しましょう。

2点

12ひき　　　6ぴき　　4ひき

㋐ 12＋6＋4＝ 22

①は、🫙 を
まとめて
たして いるよ。

㋑ 12＋(6 ＋ 4)＝ 22

（ ）の 中は さきに 計算します。

じゅんに たしても、まとめて たしても、
答えは 同じに なるよ。

2 計算を しましょう。

30点（1つ2）

① 18＋(8＋2)　　　② 14＋(4＋6)

③ 19＋(9＋1)　　　④ 15＋(6＋4)

⑤ 23＋(5＋5)　　　⑥ 27＋(1＋9)

⑦ 36＋(2＋8)　　　⑧ 44＋(3＋7)

⑨ 63＋(5＋5)　　　⑩ 72＋(9＋1)

⑪ 53＋(8＋2)　　　⑫ 87＋(7＋3)

⑬ 35＋(4＋6)　　　⑭ 66＋(5＋5)

⑮ 71＋(7＋3)

❸ 計算を しましょう。

① 15+(2+3)

② 25+(1+4)

③ 13+(19+1)

④ 16+(18+2)

⑤ 18+(16+4)

⑥ 23+(15+5)

⑦ 56+(12+8)

⑧ 45+(11+9)

⑨ 37+(14+6)

⑩ 62+(17+3)

⑪ 24+(23+7)

⑫ 38+(26+4)

⑬ 41+(35+5)

⑭ 43+(41+9)

⑮ 25+(38+2)

⑯ 57+(27+3)

❹ くふうして 計算しましょう。

① 16+7+3

② 17+5+5

③ 25+9+1

④ 43+8+2

⑤ 12+14+6

⑥ 56+13+7

⑦ 64+15+5

⑧ 27+18+2

⑨ 33+26+4

⑩ 48+31+9

たし算では、じゅんに たしても、まとめて たしても 答えは 同じ。
たして 何十に なる 数を さきに たすと、計算が しやすいね。

17 たし算の あん算

1 あん算で しましょう。　　　　　　　　　50点(1つ2)

① 28＋7＝**35**

2　5

28＋2＝30 だから…

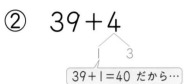

たす数を 2つに わけて 考えよう。

28に 2を たして 30
30と 5で 35

② 39＋4

1　3

39＋1＝40 だから…

③ 17＋4

3　1

④ 46＋5　　　　　⑤ 74＋9

⑥ 15＋7　　　　　⑦ 89＋3

⑧ 22＋9　　　　　⑨ 66＋8

⑩ 37＋6　　　　　⑪ 45＋5

⑫ 73＋8　　　　　⑬ 88＋4

⑭ 24＋7　　　　　⑮ 35＋8

⑯ 68＋5　　　　　⑰ 27＋7

⑱ 59＋6　　　　　⑲ 54＋8

⑳ 78＋8　　　　　㉑ 43＋7

㉒ 85＋6　　　　　㉓ 69＋9

㉔ 36＋7　　　　　㉕ 76＋8

❷ あん算で　しましょう。　

① 48＋6　　　② 37＋5

③ 69＋4　　　④ 34＋9

⑤ 87＋3　　　⑥ 56＋4

⑦ 38＋2　　　⑧ 29＋6

⑨ 57＋6　　　⑩ 37＋4

⑪ 32＋9　　　⑫ 67＋8

⑬ 76＋7　　　⑭ 49＋2

⑮ 58＋2　　　⑯ 33＋8

⑰ 15＋60　　　⑱ 18＋70

⑲ 17＋30　　　⑳ 19＋20

㉑ 9＋45　　　㉒ 5＋48

㉓ 6＋54　　　㉔ 3＋79

㉕ 3＋58

たされる数を　何十に　する　ことを　考えれば、あん算が　しやすいよ。

18 ひき算の あん算

1 あん算で しましょう。　　　　　　50点(1つ2)

① 23−8 ＝ 15

20　3

> 20から 8を ひいて 12
> 12と 3で 15

② 42−3 ＝ 39

2　1

> 42から 2を ひいて 40
> 40から 1を ひいて…

③ 74−6 ＝ 68

60　14

> 14から 6を ひいて 8
> 60と 8で…

> ひかれる数を
> 2つに わけて
> 考えて いるね。

④ 27−9

⑤ 93−6

⑥ 65−7

⑦ 30−7

⑧ 21−4

⑨ 57−8

⑩ 81−7

⑪ 43−5

⑫ 67−9

⑬ 84−6

⑭ 76−8

⑮ 53−6

⑯ 96−7

⑰ 68−9

⑱ 31−3

⑲ 20−4

⑳ 83−7

㉑ 74−8

㉒ 33−4

㉓ 95−9

㉔ 52−6

㉕ 84−5

② あん算で しましょう。

① 50−8

② 41−3

③ 32−5

④ 23−4

⑤ 25−6

⑥ 60−9

⑦ 44−7

⑧ 82−6

⑨ 52−4

⑩ 63−8

⑪ 91−9

⑫ 82−3

⑬ 62−7

⑭ 46−8

⑮ 42−5

⑯ 80−7

⑰ 97−8

⑱ 78−9

⑲ 64−5

⑳ 56−7

㉑ 90−6

㉒ 71−4

㉓ 45−7

㉔ 61−5

㉕ 37−9

ひかれる数を 何十に する ことを 考えれば、あん算が しやすいよ。

19 まとめの テスト

1 ＞、＜、＝を つかって、しきに かきましょう。

16点(1つ4)

① 180 [　] 90+80　　② 140−70 [　] 70

③ 60+80 [　] 149　　④ 800 [　] 700+200

2 数字で かきましょう。

24点(1つ4)

① 二百七十八　　　　② 五百三十

（　　　　　）　　　　　　（　　　　　）

③ 七百九　　　　　　④ 四百

（　　　　　）　　　　　　（　　　　　）

⑤ 100 を 4こ、10 を 7こ、1 を （　　　　　）
　 3こ あわせた 数

⑥ 10 を 61こ あつめた 数　　（　　　　　）

3 たし算を しましょう。 18点(1つ3)

① $90+70$　　　　② $80+50$

③ $300+600$　　　④ $100+500$

⑤ $800+40$　　　　⑥ $200+60$

4 ひき算を しましょう。 18点(1つ3)

① $110-70$　　　　② $150-90$

③ $800-300$　　　④ $500-200$

⑤ $360-60$　　　　⑥ $907-7$

5 計算を しましょう。 12点(1つ3)

① $35+(6+4)$　　　② $85+(4+1)$

③ $63+(12+8)$　　④ $47+(15+5)$

6 あん算で しましょう。 12点(1つ3)

① $68+4$　　　　② $25+9$

③ $56-8$　　　　④ $82-5$

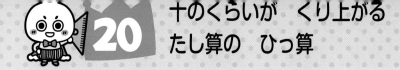
1 たし算を しましょう。　　　　　2点(1つ1)

①
```
  7 4
+ 6 1
```
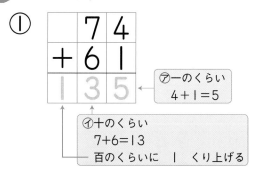

⑦一のくらい
4＋1＝5

⑦十のくらい
7＋6＝13
百のくらいに 1 くり上げる

②
```
  5 2
+ 9 7
```
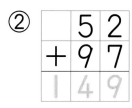

百のくらいに
1 くり上がる
たし算だよ。

2 たし算を しましょう。　　　　　32点(1つ2)

①
```
  6 3
+ 6 2
```

②
```
  9 5
+ 3 1
```

③
```
  4 6
+ 7 3
```

④
```
  8 1
+ 9 6
```

⑤
```
  7 5
+ 7 3
```

⑥
```
  5 2
+ 6 2
```

⑦
```
  8 4
+ 8 4
```

⑧
```
  2 7
+ 9 1
```

⑨
```
  2 0
+ 9 7
```

⑩
```
  6 0
+ 5 9
```

⑪
```
  7 8
+ 6 0
```

⑫
```
  4 1
+ 8 0
```

⑬
```
  5 3
+ 5 3
```

⑭
```
  3 4
+ 7 2
```

⑮
```
  1 0
+ 9 1
```

⑯
```
  4 0
+ 6 5
```

❸ たし算を しましょう。

① 84
　+65

② 32
　+93

③ 56
　+62

④ 30
　+79

⑤ 68
　+71

⑥ 68
　+41

⑦ 82
　+76

⑧ 64
　+93

⑨ 24
　+82

⑩ 50
　+71

⑪ 94
　+90

⑫ 48
　+70

⑬ 30
　+88

⑭ 93
　+25

⑮ 57
　+50

⑯ 77
　+42

❹ ひっ算で しましょう。

① 45+92

② 63+83

③ 70+73

  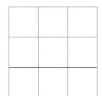

④ 54+60

⑤ 16+91

⑥ 88+20

十のくらいの 計算が 1 くり上がる ときは、百のくらいに 1を かくんだよ。

40

21 一のくらい、十のくらいが くり上がる たし算の ひっ算

❶ たし算を しましょう。　　　　　　　　　2点(1つ1)

①
```
   5 7
 + 8 6
 1 4 3
```

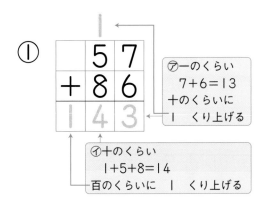

⑦一のくらい
　7+6=13
十のくらいに
　1　くり上げる

④十のくらい
　1+5+8=14
百のくらいに　1　くり上げる

②
```
   6 3
 + 9 8
 1 6 1
```

くり上がりが
2回
あるよ。

❷ たし算を しましょう。　　　　　　　　　32点(1つ2)

①
```
   7 5
 + 4 7
 1 2 2
```

②
```
   8 6
 + 5 6
```

③
```
   2 4
 + 9 8
```

④
```
   6 7
 + 6 7
```

⑤
```
   2 6
 + 8 5
```

⑥
```
   9 4
 + 1 9
```

⑦
```
   5 3
 + 6 7
```

⑧
```
   4 8
 + 9 2
```

⑨
```
   8 7
 + 1 5
```

⑩
```
   4 6
 + 5 9
```

⑪
```
   6 2
 + 3 8
```

⑫
```
   2 9
 + 7 1
```

⑬
```
   9 6
 +   8
```

⑭
```
     3
 + 9 9
```

⑮
```
   9 5
 +   5
```

⑯
```
     6
 + 9 4
```

③ たし算を しましょう。

① 37
  +98

② 68
  +38

③ 65
  +76

④ 59
  +49

⑤ 89
  +75

⑥ 75
  +25

⑦ 53
  +79

⑧ 19
  +81

⑨ 76
  +39

⑩ 92
  + 9

⑪ 45
  +68

⑫ 6
  +97

⑬ 91
  +69

⑭ 93
  + 7

⑮ 36
  +84

⑯ 8
  +92

④ ひっ算で しましょう。

18点(1つ3)

① 77+65

② 48+93

③ 94+7

 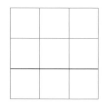 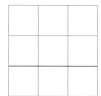

④ 56+86

⑤ 64+38

⑥ 3+97

くり上がりが 2回 ある たし算だよ。くり上げた 1を わすれない
ように 気を つけよう。くり上がりを メモして おくと いいよ。

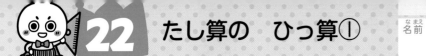
月　日　時　分〜　時　分
名前
点

❶ たし算を しましょう。　48点(1つ2)

①	②	③	④
93 +72	62 +51	83 +84	57 +72

⑤	⑥	⑦	⑧
48 +91	74 +63	26 +92	83 +40

⑨	⑩	⑪	⑫
60 +68	14 +93	39 +70	50 +56

⑬	⑭	⑮	⑯
76 +98	52 +69	47 +85	84 +39

⑰	⑱	⑲	⑳
92 +19	68 +62	28 +76	46 +54

㉑	㉒	㉓	㉔
93 + 8	91 + 9	6 +99	5 +95

② たし算を しましょう。

① 　57
　＋82

② 　40
　＋71

③ 　65
　＋38

④ 　36
　＋91

⑤ 　93
　＋90

⑥ 　25
　＋93

⑦ 　81
　＋23

⑧ 　　2
　＋98

⑨ 　27
　＋73

⑩ 　53
　＋99

⑪ 　64
　＋77

⑫ 　36
　＋89

⑬ 　72
　＋62

⑭ 　78
　＋75

⑮ 　96
　＋　7

⑯ 　60
　＋47

③ ひっ算で しましょう。

① 87＋71　　② 53＋50　　③ 64＋97

④ 24＋76　　⑤ 5＋97

十のくらいの 計算が １ くり上がる ときは、百のくらいに １を かくんだよ。

月　日　時　分〜　時　分
名前
点

① たし算を しましょう。　　48点(1つ2)

① 　26
　+93

② 　75
　+82

③ 　43
　+73

④ 　61
　+68

⑤ 　55
　+72

⑥ 　64
　+94

⑦ 　86
　+41

⑧ 　92
　+50

⑨ 　80
　+86

⑩ 　23
　+81

⑪ 　46
　+60

⑫ 　30
　+78

⑬ 　63
　+89

⑭ 　57
　+78

⑮ 　94
　+38

⑯ 　45
　+76

⑰ 　85
　+26

⑱ 　78
　+72

⑲ 　35
　+67

⑳ 　12
　+88

㉑ 　99
　+ 6

㉒ 　97
　+ 3

㉓ 　 8
　+95

㉔ 　 4
　+96

② たし算を しましょう。

①
```
  54
+61
```

②
```
  72
+49
```

③
```
  61
+39
```

④
```
  43
+66
```

⑤
```
  86
+50
```

⑥
```
  66
+65
```

⑦
```
  84
+64
```

⑧
```
    3
+98
```

⑨
```
  73
+55
```

⑩
```
  70
+72
```

⑪
```
  38
+93
```

⑫
```
  84
+76
```

⑬
```
  23
+78
```

⑭
```
  22
+96
```

⑮
```
  97
+  6
```

⑯
```
  90
+18
```

③ ひっ算で しましょう。

① 64+71　　② 48+60　　③ 85+56

④ 19+87　　⑤ 92+8

くり上がりが 1回の 計算と、2回の 計算が あるよ。くり上がりに
気を つけて 計算しよう。

24 3つの 数の たし算

てん点

❶ ひっ算で しましょう。

6点(1つ3)

① 32+15+28

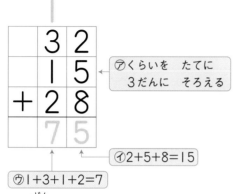

⑦くらいを たてに 3だんに そろえる

①2+5+8=15

⑦1+3+1+2=7

② 16+38+39

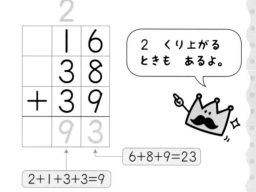

2 くり上がる ときも あるよ。

6+8+9=23

2+1+3+3=9

❷ たし算を しましょう。

36点(1つ3)

```
①    12     ②    24     ③    38     ④    60
      26           10           30           17
    +30         +53         +21         +20
```

```
⑤    25     ⑥    14     ⑦    23     ⑧    23
      12           24           51           22
    +11         +21         +15         +21
```

```
⑨    35     ⑩    42     ⑪    33     ⑫    25
      22           22           31           31
    +41         +34         +34         +32
```

❸ たし算を しましょう。

①
```
  14
  24
+23
```

②
```
  55
  13
+14
```

③
```
  36
  32
+28
```

④
```
  14
  39
+13
```

⑤
```
  27
  25
+34
```

⑥
```
  36
  15
+24
```

⑦
```
  23
  58
+17
```

⑧
```
  33
  15
+14
```

⑨
```
  15
  38
+19
```

⑩
```
  27
  27
+26
```

⑪
```
  45
  17
+29
```

⑫
```
  29
  27
+38
```

⑬
```
  58
  35
+39
```

⑭
```
  68
  56
+47
```

⑮
```
  16
  39
+85
```

⑯
```
  64
  98
+18
```

❹ ひっ算で しましょう。

① 34+21+15　　② 16+29+27

3つの 数の たし算は、くり上がりに ちゅういしよう。
2 くり上がる ことも あるよ。

❶ ひき算を　しましょう。

4点(1つ2)

①
```
  1 2 7
-   5 3
  ⎯⎯⎯⎯⎯
    7 4
```
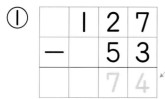

⑦一のくらい　7−3=4

⑦十のくらい
百のくらいから　1　くり下げて
12−5=7

②
```
  1 4 5
-   6 2
  ⎯⎯⎯⎯⎯
    8 3
```

くらいは　たてに
そろえて　かこう。

❷ ひき算を　しましょう。

30点(1つ2)

①
```
  1 7 8
-   8 6
  ⎯⎯⎯⎯⎯
    9 2
```

②
```
  1 3 6
-   6 5
  ⎯⎯⎯⎯⎯
```

③
```
  1 5 2
-   7 1
  ⎯⎯⎯⎯⎯
```

④
```
  1 1 4
-   3 3
  ⎯⎯⎯⎯⎯
```

⑤
```
  1 2 8
-   6 5
  ⎯⎯⎯⎯⎯
```

⑥
```
  1 8 6
-   9 3
  ⎯⎯⎯⎯⎯
```

⑦
```
  1 6 9
-   8 7
  ⎯⎯⎯⎯⎯
```

⑧
```
  1 4 7
-   7 2
  ⎯⎯⎯⎯⎯
```

⑨
```
  1 1 9
-   5 6
  ⎯⎯⎯⎯⎯
```

⑩
```
  1 7 3
-   8 1
  ⎯⎯⎯⎯⎯
```

⑪
```
  1 3 5
-   6 5
  ⎯⎯⎯⎯⎯
```

⑫
```
  1 6 5
-   9 0
  ⎯⎯⎯⎯⎯
```

⑬
```
  1 0 3
-   5 1
  ⎯⎯⎯⎯⎯
    5 2
```

⑭
```
  1 0 8
-   7 7
  ⎯⎯⎯⎯⎯
```

⑮
```
  1 0 2
-   3 2
  ⎯⎯⎯⎯⎯
```

3 ひき算を しましょう。 48点（1つ3）

① 156 − 63

② 127 − 50

③ 172 − 91

④ 135 − 54

⑤ 188 − 97

⑥ 124 − 63

⑦ 109 − 45

⑧ 143 − 61

⑨ 104 − 23

⑩ 165 − 94

⑪ 154 − 62

⑫ 133 − 83

⑬ 118 − 72

⑭ 113 − 22

⑮ 167 − 72

⑯ 105 − 95

4 ひっ算で しましょう。 18点（1つ3）

① 135−74　② 152−81　③ 116−34

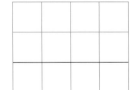　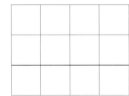　

④ 178−98　⑤ 106−52　⑥ 101−71

十のくらいが ひけない ときは、百のくらいから 1 くり下げるんだよ。

26 十のくらい、百のくらいから くり下がる ひき算の ひっ算

① ひき算を しましょう。　　　4点(1つ2)

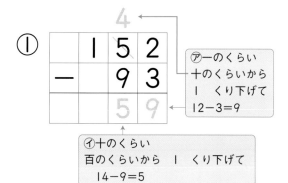

㋐一のくらい 十のくらいから １ くり下げて 12−3＝9

㋑十のくらい 百のくらいから １ くり下げて 14−9＝5

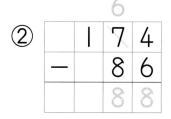

②
```
  174
−  86
   88
```

くらいは たてに そろえるんだね。

② ひき算を しましょう。　　　30点(1つ2)

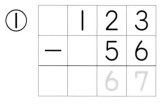

①
```
  123
−  56
   67
```
②
```
  161
−  74
```
③
```
  147
−  89
```

④ 135 − 69　⑤ 117 − 38　⑥ 184 − 95　⑦ 156 − 79

⑧ 173 − 94　⑨ 121 − 63　⑩ 142 − 84　⑪ 113 − 47

⑫ 155 − 57　⑬ 182 − 86　⑭ 133 − 35　⑮ 168 − 69

③ ひき算を しましょう。　　　48点(1つ3)

① 127
 − 39

② 145
 − 56

③ 153
 − 56

④ 161
 − 73

⑤ 122
 − 25

⑥ 137
 − 78

⑦ 154
 − 67

⑧ 162
 − 98

⑨ 183
 − 97

⑩ 136
 − 38

⑪ 121
 − 48

⑫ 172
 − 85

⑬ 172
 − 83

⑭ 132
 − 54

⑮ 113
 − 65

⑯ 116
 − 17

④ ひっ算で しましょう。　　　18点(1つ3)

① 164−87　② 114−56　③ 143−47

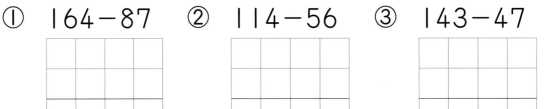

④ 128−49　⑤ 153−84　⑥ 192−97

一のくらいの 計算も、十のくらいの 計算も くり下がりが あるよ。
くり下がりが ある ときは、くり下がりを メモして おくと いいよ。

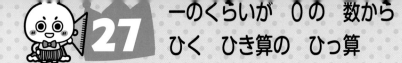
月 日　時 分〜 時 分

名前

点

1 ひき算を しましょう。　　　　　　　　　　4点(1つ2)

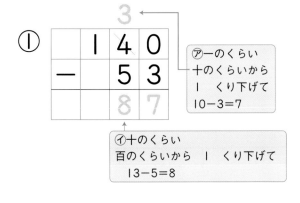

① 3 ←
```
  1 4 0
−   5 3
  8 7
```

⑦一のくらい
十のくらいから
1 くり下げて
10−3=7

⑦十のくらい
百のくらいから 1 くり下げて
13−5=8

② 5
```
  1 6 0
−   8 7
  7 3
```

くり下がりに
気を つけよう。

2 ひき算を しましょう。　　　　　　　　　　30点(1つ2)

①
```
  1 7 0
−   9 5
  7 5
```

②
```
  1 2 0
−   6 3
```

③
```
  1 5 0
−   6 6
```

④
```
  1 1 0
−   3 4
```

⑤
```
  1 8 0
−   9 2
```

⑥
```
  1 3 0
−   7 6
```

⑦
```
  1 6 0
−   9 1
```

⑧
```
  1 2 0
−   5 3
```

⑨
```
  1 7 0
−   8 7
```

⑩
```
  1 1 0
−   4 9
```

⑪
```
  1 5 0
−   7 8
```

⑫
```
  1 6 0
−   8 5
```

⑬
```
  1 3 0
−   8 2
```

⑭
```
  1 4 0
−   4 3
```

⑮
```
  1 1 0
−   1 5
```

❸ ひき算を しましょう。

① 150
－ 91

② 120
－ 47

③ 110
－ 24

④ 160
－ 82

⑤ 130
－ 77

⑥ 180
－ 96

⑦ 140
－ 73

⑧ 120
－ 23

⑨ 110
－ 54

⑩ 140
－ 61

⑪ 120
－ 97

⑫ 150
－ 85

⑬ 130
－ 86

⑭ 110
－ 72

⑮ 160
－ 68

⑯ 170
－ 85

❹ ひっ算で しましょう。

18点(1つ3)

① 140－81   ② 130－59   ③ 110－63

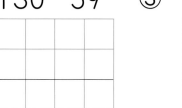

④ 120－87   ⑤ 170－91   ⑥ 150－52

一のくらいの 数が 0の ときも、十のくらいから 1 くり下げれば
いいんだよ。

54

28 十のくらいが 0の 数から ひく ひき算の ひっ算

名前

てん点

❶ ひき算を しましょう。

4点（1つ2）

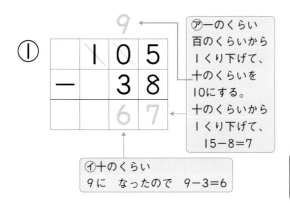

①
```
  1 0 5
－   3 8
    6 7
```

⑦一のくらい
百のくらいから
1くり下げて、
十のくらいを
10にする。
十のくらいから
1くり下げて、
15－8＝7

④十のくらい
9に なったので 9－3＝6

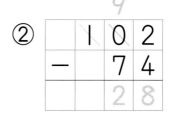

②
```
  1 0 2
－   7 4
    2 8
```

十のくらいから くり下げられない
ときは、まず、百のくらいから
十のくらいに 1 くり下げよう。

❷ ひき算を しましょう。

30点（1つ2）

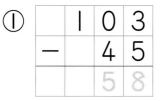

①
```
  1 0 3
－   4 5
    5 8
```

②
```
  1 0 6
－   1 7
```

③
```
  1 0 7
－   3 9
```

④
```
  1 0 8
－   2 9
```

⑤
```
  1 0 4
－   5 6
```

⑥
```
  1 0 1
－   6 7
```

⑦
```
  1 0 5
－   8 9
```

⑧
```
  1 0 2
－   7 5
```

⑨
```
  1 0 7
－   9 8
```

⑩
```
  1 0 0
－   4 3
```

⑪
```
  1 0 0
－   9 4
```

⑫
```
  1 0 6
－     9
```

⑬
```
  1 0 1
－     3
```

⑭
```
  1 0 0
－     2
```

⑮
```
  1 0 0
－     5
```

❸ ひき算を しましょう。　　　　　　48点(1つ3)

① 101
　－ 27

② 103
　－ 6

③ 103
　－ 54

④ 100
　－ 91

⑤ 108
　－ 79

⑥ 105
　－ 46

⑦ 100
　－ 4

⑧ 107
　－ 78

⑨ 103
　－ 18

⑩ 107
　－ 99

⑪ 100
　－ 27

⑫ 102
　－ 36

⑬ 105
　－ 7

⑭ 106
　－ 68

⑮ 104
　－ 87

⑯ 100
　－ 8

❹ ひっ算で しましょう。　　　　　　18点(1つ3)

① 104－65
② 106－37
③ 102－5

④ 101－92
⑤ 100－83
⑥ 100－6

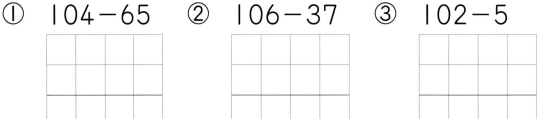

十のくらいから　くり下げられない　ときは、百のくらいから　十のくら
いに 1 くり下げて、十のくらいから 一のくらいに 1 くり下げるよ。

56

29 ひき算の　ひっ算①

1 ひき算を　しましょう。 48点(1つ2)

①
```
  127
-  35
```

②
```
  165
-  84
```

③
```
  136
-  71
```

④
```
  148
-  56
```

⑤
```
  114
-  20
```

⑥
```
  153
-  63
```

⑦
```
  109
-  37
```

⑧
```
  102
-  72
```

⑨
```
  171
-  86
```

⑩
```
  135
-  76
```

⑪
```
  156
-  98
```

⑫
```
  122
-  45
```

⑬
```
  148
-  49
```

⑭
```
  164
-  68
```

⑮
```
  110
-  33
```

⑯
```
  130
-  56
```

⑰
```
  102
-  76
```

⑱
```
  103
-  24
```

⑲
```
  106
-  97
```

⑳
```
  100
-  38
```

㉑
```
  101
-   4
```

㉒
```
  102
-   7
```

㉓
```
  105
-   9
```

㉔
```
  100
-   3
```

2 ひき算を しましょう。 32点(1つ2)

① 　154　② 　163　③ 　100　④ 　104
　－　73　　－　96　　－　92　　－　22

⑤ 　185　⑥ 　120　⑦ 　147　⑧ 　100
　－　91　　－　43　　－　69　　－　　9

⑨ 　174　⑩ 　111　⑪ 　104　⑫ 　106
　－　76　　－　34　　－　57　　－　38

⑬ 　100　⑭ 　126　⑮ 　104　⑯ 　135
　－　64　　－　56　　－　　6　　－　77

3 ひっ算で しましょう。 20点(1つ4)

①　148－63　　②　105－74　　③　171－95

④　100－43　　⑤　107－9

くり下がりが 1回の ときも、2回の ときも あるよ。気を つけて 計算しよう。

名前

月　日　時　分〜　時　分

点

1 ひき算を　しましょう。

48点（1つ2）

| ① | 146 − 85 | ② | 179 − 98 | ③ | 128 − 34 | ④ | 152 − 71 |

| ⑤ | 153 − 60 | ⑥ | 135 − 85 | ⑦ | 103 − 22 | ⑧ | 107 − 57 |

| ⑨ | 135 − 66 | ⑩ | 114 − 48 | ⑪ | 186 − 97 | ⑫ | 145 − 68 |

| ⑬ | 125 − 27 | ⑭ | 173 − 76 | ⑮ | 120 − 41 | ⑯ | 150 − 63 |

| ⑰ | 103 − 47 | ⑱ | 106 − 58 | ⑲ | 105 − 96 | ⑳ | 100 − 43 |

| ㉑ | 108 − 9 | ㉒ | 104 − 7 | ㉓ | 102 − 4 | ㉔ | 107 − 8 |

2 ひき算を しましょう。　　　　　　32点(1つ2)

① 　134　　② 　126　　③ 　102　　④ 　106
　－　62　　　　－　57　　　　－　　3　　　　－　75

⑤ 　177　　⑥ 　100　　⑦ 　162　　⑧ 　102
　－　85　　　　－　95　　　　－　79　　　　－　96

⑨ 　151　　⑩ 　130　　⑪ 　106　　⑫ 　114
　－　54　　　　－　72　　　　－　69　　　　－　38

⑬ 　100　　⑭ 　153　　⑮ 　143　　⑯ 　100
　－　78　　　　－　86　　　　－　53　　　　－　　1

3 ひっ算で しましょう。　　　　　　20点(1つ4)

① 125－61　　② 154－70　　③ 132－86

④ 103－57　　⑤ 102－9

👨 十のくらいから くり下げられない ときが とくに まちがえやすい
ので 気を つけよう。なれて しまえば、むずかしく ないよ。

31 まとめの テスト

1 たし算を しましょう。

36点(1つ3)

① 　71
　＋65

② 　37
　＋82

③ 　90
　＋58

④ 　73
　＋34

⑤ 　56
　＋68

⑥ 　25
　＋99

⑦ 　68
　＋44

⑧ 　89
　＋31

⑨ 　84
　＋17

⑩ 　25
　＋75

⑪ 　97
　＋ 6

⑫ 　 7
　＋94

2 ひっ算で しましょう。

8点(1つ4)

① 30＋14＋52

② 13＋45＋37

3 ひき算を しましょう。

①
```
  163
-  71
```

②
```
  125
-  50
```

③
```
  149
-  69
```

④
```
  108
-  32
```

⑤
```
  172
-  94
```

⑥
```
  138
-  49
```

⑦
```
  157
-  58
```

⑧
```
  110
-  43
```

⑨
```
  105
-  27
```

⑩
```
  100
-  62
```

⑪
```
  104
-   9
```

⑫
```
  106
-   7
```

4 ひっ算で しましょう。

① 137−89

② 101−5

32　3けたの　数の　たし算の　ひっ算

1 たし算を　しましょう。　　　　　　　　　　6点(1つ3)

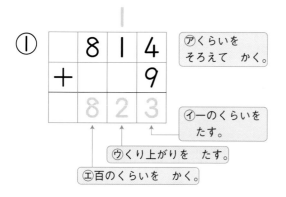

①
```
    8 1 4
  +     9
    8 2 3
```
⑦ くらいを　そろえて　かく。

⑦ 一のくらいを　たす。

⑦ くり上がりを　たす。

⑦ 百のくらいを　かく。

②
```
    3 5 6
  +   2 7
    3 8 3
```

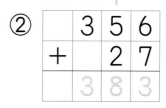
くり上がりにも　気を　つけよう。

2 たし算を　しましょう。　　　　　　　　　　28点(1つ2)

①
```
    6 3 1
  +     8
    6 3 9
```
②
```
    5 2 7
  +     2
```
③
```
    2 4 8
  +     5
```

④
```
  1 5 3
+     9
```
⑤
```
  4 2 6
+     6
```
⑥
```
  7 0 4
+     7
```
⑦
```
  9 3 7
+     3
```

⑧
```
  1 6 3
+   2 1
  1 8 4
```
⑨
```
  7 3 5
+   4 0
```
⑩
```
  3 2 4
+   5 8
```

⑪
```
  5 1 7
+   1 7
```
⑫
```
  6 5 3
+   3 9
```
⑬
```
  2 0 8
+   4 6
```
⑭
```
  4 6 2
+   1 8
```

❸ たし算を しましょう。 48点(1つ3)

① 312
　+ 　6

② 973
　+ 　3

③ 457
　+ 　8

④ 539
　+ 　2

⑤ 725
　+ 　7

⑥ 284
　+ 　9

⑦ 805
　+ 　7

⑧ 148
　+ 　2

⑨ 653
　+ 15

⑩ 567
　+ 20

⑪ 119
　+ 72

⑫ 335
　+ 46

⑬ 239
　+ 36

⑭ 824
　+ 69

⑮ 405
　+ 28

⑯ 716
　+ 54

❹ ひっ算で しましょう。 18点(1つ3)

① 952+7

② 327+3

③ 436+22

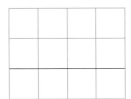

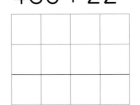

④ 206+8

⑤ 814+53

⑥ 506+39

3けたの 数の たし算も、2けたの 数の たし算と しかたは 同じ。
くらいを そろえて かいて、一のくらいから じゅんに 計算しよう。

33 3けたの 数の ひき算の ひっ算

① ひき算を しましょう。　　　　　　6点(1つ3)

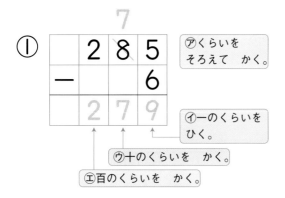

①
```
  7
  2 8 5
－     6
  2 7 9
```

⑦ くらいを そろえて かく。

⑦ 一のくらいを ひく。

⑨ 十のくらいを かく。

⑭ 百のくらいを かく。

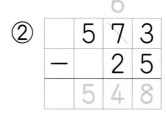

②
```
  6
  5 7 3
－   2 5
  5 4 8
```

くり下がりにも 気を つけるんだね。

② ひき算を しましょう。　　　　　　28点(1つ2)

①
```
  4 3 6
－     5
  4 3 1
```

②
```
  8 1 7
－     4
```

③
```
  3 9 2
－     6
```

④
```
  2 5 7
－     9
```

⑤
```
  6 2 3
－     7
```

⑥
```
  9 1 5
－     8
```

⑦
```
  5 4 0
－     1
```

⑧
```
  7 9 3
－   6 1
  7 3 2
```

⑨
```
  4 5 2
－   4 0
```

⑩
```
  8 6 4
－   2 6
```

⑪
```
  2 8 1
－   5 5
```

⑫
```
  5 7 3
－   3 4
```

⑬
```
  6 8 5
－   7 7
```

⑭
```
  9 5 0
－   2 6
```

③ ひき算を しましょう。

① 659
－　　6

② 235
－　　5

③ 588
－　　9

④ 941
－　　3

⑤ 362
－　　5

⑥ 445
－　　7

⑦ 813
－　　6

⑧ 790
－　　2

⑨ 526
－　13

⑩ 967
－　42

⑪ 256
－　38

⑫ 381
－　46

⑬ 692
－　65

⑭ 494
－　79

⑮ 873
－　64

⑯ 740
－　13

④ ひっ算で しましょう。

18点(1つ3)

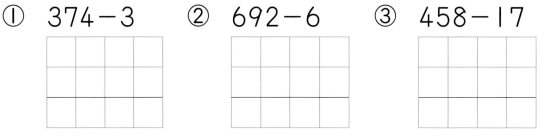

① 374－3

② 692－6

③ 458－17

④ 215－9

⑤ 561－38

⑥ 875－68

3けたの 数の ひき算も、2けたの 数の ひき算と しかたは 同じ。
くらいを そろえて かいて、一のくらいから じゅんに 計算しよう。

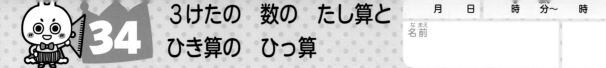
34 3けたの　数の　たし算と
ひき算の　ひっ算

① たし算を　しましょう。 32点(1つ2)

① 263
+　 4

② 526
+　 3

③ 138
+　 5

④ 729
+　 6

⑤ 415
+　 7

⑥ 984
+　 8

⑦ 307
+　 9

⑧ 654
+　 6

⑨ 836
+ 12

⑩ 652
+ 37

⑪ 319
+ 43

⑫ 467
+ 26

⑬ 543
+ 48

⑭ 726
+ 58

⑮ 905
+ 67

⑯ 251
+ 29

② ひっ算で　しましょう。 10点(1つ2)

① 887+2　　② 562+9　　③ 114+6

④ 724+54　　⑤ 352+18

❸ ひき算を しましょう。

① 　624
　－　　2

② 　348
　－　　8

③ 　571
　－　　4

④ 　238
　－　　9

⑤ 　456
　－　　8

⑥ 　923
　－　　5

⑦ 　714
　－　　6

⑧ 　860
　－　　3

⑨ 　543
　－　31

⑩ 　877
　－　50

⑪ 　352
　－　28

⑫ 　695
　－　66

⑬ 　273
　－　45

⑭ 　481
　－　33

⑮ 　936
　－　27

⑯ 　780
　－　73

❹ ひっ算で しましょう。

① 397－3　　② 725－8　　③ 430－6

④ 625－14　⑤ 283－56

②と ④では くらいは たてに そろって いるかな？ くり上がり、くり下がりにも 気を つけて、計算するんだよ。

名前

月　日　時　分〜　時　分

てん点

1 数字で かきましょう。　　20点(1つ4)

①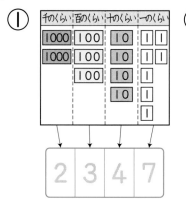

2347

②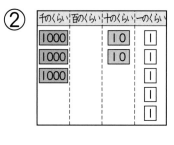

③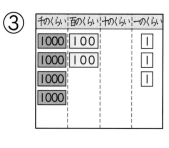

④ 七千二十　（　　　　）　⑤ 九千三　（　　　　）

2 □に あてはまる 数を かきましょう。　　20点(1つ5)

（③④は ぜんぶ できて 5）

① 1000 を 3こ、100 を 2こ、1 を 8こ

あわせた 数は、3208 です。　

② 1000 を 7こ、10 を 6こ あわせた 数は、

□ です。　　0に なる くらいが あるよ。

③ 5081 は、1000 を □こ、10 を □こ、

1 を □こ あわせた 数です。　（ぜんぶ できて 5点）

④ 8004 は、□ を 8こ、□ を 4こ

あわせた 数です。

（ぜんぶ できて 5点）

❸ □に あてはまる 数を かきましょう。 40点(1つ4)

① 100を 14こ あつめた 数は $\boxed{1400}$ です。

(100)(100)(100)(100)(100)(100)(100)(100)(100)(100) (100)(100)(100)(100)
1000

② 100を 56こ あつめた 数は □ です。

③ 1200は 100を □ こ あつめた 数です。

1000 (100) (100) ➡ (100)が 10こと 2こ。

④ 7300は 100を □ こ あつめた 数です。

⑤ 6800－6900－$\boxed{7000}$－7100－□

⑥ 2980－□－3000－□－3020

⑦ □ を 10こ あつめた 数は 10000 です。
一万と よみます。

⑧ 9999より 1 大きい 数は □ です。

❹ □に あてはまる ＞、＜の きごうを かきましょう。 20点(1つ5)

① 2590 □ 3000   ② 4120 □ 4012

③ 8765 □ 8756   ④ 9071 □ 9075

100が 10こで 1000（千）、1000が 10こで 10000（一万）。
10こ あつまると つぎの くらいに なる ことを おぼえて おこう。

名前

月 日 時 分〜 時 分

点

1 たし算を しましょう。　22点(1つ2)

① 600＋500 ＝ 1100

100の まとまりで 考えよう。

② 800＋300　③ 500＋900

④ 400＋900　⑤ 800＋800

⑥ 700＋500　⑦ 600＋700

⑧ 200＋900　⑨ 800＋500

⑩ 800＋700　⑪ 300＋900

2 ひき算を しましょう。　22点(1つ2)

① 1000−400 ＝ 600

② 900−600　③ 1000−900

④ 800−300　⑤ 1000−200

⑥ 600−200　⑦ 1000−700

⑧ 700−500　⑨ 1000−900

⑩ 500−400　⑪ 1000−300

❸ たし算を しましょう。

① 500+700　　② 600+600

③ 900+900　　④ 900+200

⑤ 700+600　　⑥ 500+800

⑦ 900+300　　⑧ 700+700

⑨ 800+400　　⑩ 900+400

⑪ 500+600　　⑫ 700+800

⑬ 900+600　　⑭ 800+600

⑮ 800+500　　⑯ 900+500

❹ ひき算を しましょう。

① 1000-100　　② 700-300

③ 900-700　　④ 800-400

⑤ 600-400　　⑥ 1000-800

⑦ 800-600　　⑧ 900-300

⑨ 900-500　　⑩ 1000-600

⑪ 700-200　　⑫ 1000-500

何百の 計算は、100の まとまりが 何こ あるかで 考えよう。
百円玉が 何こに なるかで 考えるのも いいね。

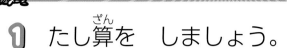

37 まとめの テスト

1 たし算を しましょう。 24点(1つ3)

① 536 ② 718 ③ 205 ④ 667
　+　 2 　+　 4 　+　 9 　+　 3

⑤ 353 ⑥ 924 ⑦ 806 ⑧ 468
　+ 42 　+ 37 　+ 74 　+ 12

2 ひき算を しましょう。 24点(1つ3)

① 765 ② 641 ③ 837 ④ 285
　-　 3 　-　 5 　-　 9 　-　 6

⑤ 928 ⑥ 394 ⑦ 477 ⑧ 560
　- 17 　- 58 　- 69 　- 45

3 □に あてはまる 数を かきましょう。 16点(1つ4)

① 1000 を 5こ、100 を 3こ、10 を 6こ あわせた 数は ☐ です。

② 千のくらいが 2、百のくらいが 1、十のくらいが 0、一のくらいが 7の 数は ☐ です。

③ 100 を 26こ あつめた 数は ☐ です。

④ 7200 は、100 を ☐ こ あつめた 数です。

4 大きい 数から じゅんに かきましょう。 12点(1つ4)

① 5670、5760、5067 (   )

② 8694、8909、8976 (   )

③ 6809、6812、6920 (   )

5 計算を しましょう。 24点(1つ6)

① 600＋900   ② 1000－700

③ 500＋500   ④ 800－700

名前

てん
点

38 しあげの テスト1

1 計算を しましょう。

28点(1つ2)

①
```
  26
+32
```

②
```
  75
+  3
```

③
```
  56
+29
```

④
```
   8
+62
```

⑤
```
  84
-52
```

⑥
```
  28
-  7
```

⑦
```
  61
-45
```

⑧
```
  94
-  6
```

⑨ 70+60

⑩ 130-80

⑪ 400+200

⑫ 900-200

⑬ 68+(4+6)

⑭ 35+(18+2)

2 ひっ算で しましょう。

12点(1つ3)

① 25+16+33

② 43+24+55

③ 51+14+26

④ 72+38+15

3 計算を しましょう。

48点(1つ3)

①
$$\begin{array}{r} 76 \\ +51 \\ \hline \end{array}$$

②
$$\begin{array}{r} 35 \\ +90 \\ \hline \end{array}$$

③
$$\begin{array}{r} 68 \\ +89 \\ \hline \end{array}$$

④
$$\begin{array}{r} 56 \\ +47 \\ \hline \end{array}$$

⑤
$$\begin{array}{r} 95 \\ +\ \ 7 \\ \hline \end{array}$$

⑥
$$\begin{array}{r} 4 \\ +96 \\ \hline \end{array}$$

⑦
$$\begin{array}{r} 128 \\ -\ \ 73 \\ \hline \end{array}$$

⑧
$$\begin{array}{r} 106 \\ -\ \ 52 \\ \hline \end{array}$$

⑨
$$\begin{array}{r} 151 \\ -\ \ 64 \\ \hline \end{array}$$

⑩
$$\begin{array}{r} 187 \\ -\ \ 89 \\ \hline \end{array}$$

⑪
$$\begin{array}{r} 104 \\ -\ \ 27 \\ \hline \end{array}$$

⑫
$$\begin{array}{r} 100 \\ -\ \ \ \ 3 \\ \hline \end{array}$$

⑬
$$\begin{array}{r} 364 \\ +\ \ \ \ 8 \\ \hline \end{array}$$

⑭
$$\begin{array}{r} 526 \\ -\ \ \ \ 9 \\ \hline \end{array}$$

⑮
$$\begin{array}{r} 278 \\ +\ \ 15 \\ \hline \end{array}$$

⑯
$$\begin{array}{r} 853 \\ -\ \ 26 \\ \hline \end{array}$$

4 ＞、＜、＝を つかって、 しきに かきましょう。

12点(1つ3)

① 150 ☐ 80＋70

② 129 ☐ 190−60

③ 500 ☐ 600−200

④ 400＋400 ☐ 700

39 しあげの テスト2

① 計算を しましょう。

40点(1つ2)

①
$$53 + 12$$

②
$$6 + 40$$

③
$$24 + 39$$

④
$$73 + 17$$

⑤
$$84 + 9$$

⑥
$$5 + 35$$

⑦
$$65 - 24$$

⑧
$$36 - 6$$

⑨
$$72 - 45$$

⑩
$$47 - 38$$

⑪
$$21 - 3$$

⑫
$$50 - 2$$

⑬ 60＋50

⑭ 40＋90

⑮ 200＋500

⑯ 300＋70

⑰ 120－70

⑱ 140－80

⑲ 800－200

⑳ 510－10

② 計算を しましょう。

① 73
+62

② 24
+83

③ 46
+95

④ 59
+41

⑤ 97
+ 3

⑥ 9
+94

⑦ 118
− 37

⑧ 104
− 62

⑨ 165
− 76

⑩ 136
− 39

⑪ 103
− 97

⑫ 108
− 9

⑬ 651
+ 17

⑭ 497
− 34

⑮ 928
+ 43

⑯ 386
− 79

③ あん算で しましょう。

① 48+7

② 53−6

③ 89+8

④ 72−5

354＋271の　ひっ算の　しかたを　考えて　みましょう。

＜3けたの　たし算の　ひっ算の　しかた＞

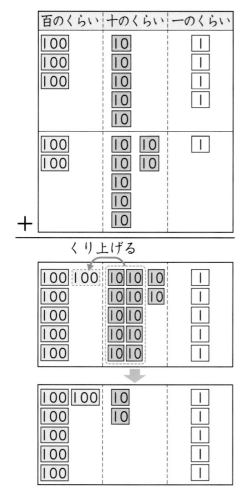

一のくらいを　たします。

```
    3 5 4
  + 2 7 1
        5   ← 4＋1＝5
```

十のくらいを　たします。

```
  1
    3 5 4
  + 2 7 1
      2 5
```
5＋7＝12
百のくらいに
1　くり上げる。

百のくらいを　たします。

```
  1
    3 5 4
  + 2 7 1
    6 2 5
```
くり上げた　1とで
1＋3＋2＝6

★1　たし算の　ひっ算に　ちょうせんして　みましょう。

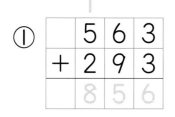

①
```
    5 6 3
  + 2 9 3
    8 5 6
```

②
```
    1 8 5
  + 3 4 2
```

③
```
    6 7 1
  + 2 4 5
```

629－243の　ひっ算の　しかたを　考えて　みましょう。

＜3けたの　ひき算の　ひっ算の　しかた＞

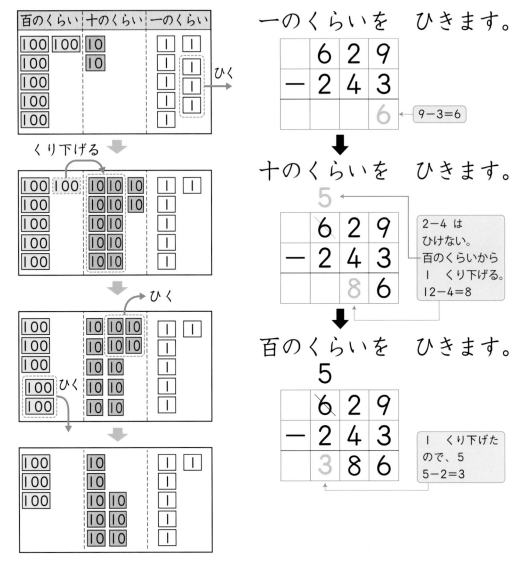

一のくらいを　ひきます。

6 2 9
－ 2 4 3
6　← 9－3＝6

十のくらいを　ひきます。

5
6 2 9
－ 2 4 3
8 6

2－4は　ひけない。百のくらいから　1　くり下げる。12－4＝8

百のくらいを　ひきます。

5
6 2 9
－ 2 4 3
3 8 6

1　くり下げたので、5　5－2＝3

★2　ひき算の　ひっ算に　ちょうせんして　みましょう。

①
3
4 1 5
－ 2 7 4
1 4 1

②
5 3 8
－ 1 5 6

③
8 6 3
－ 3 9 1

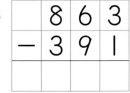

 **2年の** たし算・ひき算

1 1年生で ならった こと①

1
①3 ②4
③6 ④7
⑤8 ⑥7
⑦9 ⑧9
⑨10 ⑩10
⑪1 ⑫9
⑬14 ⑭11
⑮14 ⑯14
⑰11 ⑱14
⑲11 ⑳12
㉑15 ㉒70
㉓29

2
①1 ②2
③2 ④4
⑤6 ⑥5
⑦2 ⑧5
⑨2 ⑩9
⑪3 ⑫7
⑬9 ⑭8
⑮10 ⑯40
⑰33 ⑱8
⑲9 ⑳25

3
①5 ②14
③3 ④11
⑤5 ⑥13
⑦17

おうちの方へ ゆびやブロックをつか
わず、あたまの中で計算できるようにす
ることがたいせつです。1と9、2と8
のような10になる数のくみあわせがす
らすらでるようにしましょう。
1 ⑬～⑳あといくつで10になるかを
考えます。
2 ⑪～⑭、⑱、⑲10のまとまりから
ひくことを考えます。
⑪10から9をひいて1、
1と2で3
または
12から 2を ひいて 10
10から 7を ひいて 3

2 1年生で ならった こと②

1
①5 ②4
③8 ④9
⑤8 ⑥9
⑦9 ⑧7
⑨10 ⑩10
⑪2 ⑫8
⑬12 ⑭12
⑮12 ⑯16
⑰13 ⑱12
⑲12 ⑳13
㉑16 ㉒70
㉓36

2
①1 ②1
③7 ④2
⑤1 ⑥3
⑦4 ⑧4
⑨7 ⑩0
⑪7 ⑫6
⑬6 ⑭6
⑮10 ⑯20
⑰30 ⑱12
⑲12 ⑳10

3
①14 ②1
③4 ④4
⑤10 ⑥13
⑦14

おうちの方へ くり上がりのあるたし
算やくり下がりのあるひき算は、まちが
えやすいので、気をつけましょう。9を
たすのはとくいだが、6をたすのはにが
て、というように、数によって計算しづ
らいこともあります。まちがえたところ
は、しっかりふくしゅうしておきましょ
う。

3 くり上がりの ない たし算の ひっ算

1
①56 ②89

2
①25 ②87 ③64 ④98
⑤67 ⑥87 ⑦99 ⑧91

⑨69　⑩56　⑪86　⑫39

⑬76　⑭38　⑮23　⑯68

3　①45　②69　③79　④98

⑤98　⑥89　⑦89　⑧68

⑨97　⑩66　⑪38　⑫57

⑬48　⑭28　⑮75　⑯84

4

①
```
  2 1
+ 3 1
  5 2
```

②
```
  4 6
+   3
  4 9
```

③
```
    2
+ 7 5
  7 7
```

④
```
  6 2
+ 1 3
  7 5
```

⑤
```
  3 4
+   5
  3 9
```

⑥
```
    4
+ 8 3
  8 7
```

🏠 **おうちの方へ**　たし算のひっ算では、くらいをたてにそろえてかくことがたいせつです。とくに、（2けた）と（1けた）の数がまじるとまちがえやすいので、ちゅういしましょう。なれるまでは、ます目をつかってひっ算をするとよいでしょう。

2　①
```
  1 4
+ 1 1
  2 5
```
一のくらいは、4+1＝5
十のくらいは、1+1＝2

⑨
```
  6 2
+   7
  6 9
```
一のくらいは、2+7＝9
十のくらいは、6

4　②③つぎのようなまちがいをしないように気をつけましょう。

②
```
×  4 6
 + 3
   7 6
```

③
```
×    2
 + 7 5
   9 5
```

くらいは、たてにそろえます。

👑 **4**　**くり上がりの ある　たし算の ひっ算**

1　①82　②43

2　①61　②52　③85　④81

⑤61　⑥71　⑦72　⑧90

⑨91　⑩23　⑪52　⑫60

⑬83　⑭78　⑮33　⑯40

3　①36　②63　③82　④82

⑤51　⑥91　⑦90　⑧80

⑨43　⑩75　⑪61　⑫30

⑬32　⑭81　⑮54　⑯70

4

①
```
  3 6
+ 4 8
  8 4
```

②
```
  7 3
+   9
  8 2
```

③
```
    4
+ 5 7
  6 1
```

④
```
  2 7
+ 6 7
  9 4
```

⑤
```
  4 5
+   6
  5 1
```

⑥
```
    8
+ 8 2
  9 0
```

🏠 **おうちの方へ**　一のくらいの計算（けいさん）が10より大きくなるときは、十のくらいに1くり上げます。このとき、十のくらいの上に1をかくようにすると、くり上げた1をたすことをわすれにくくなります。

2　②
```
  3 6
+ 1 6
  5 2
```
一のくらいは、
6+6＝12
十のくらいに1くり上げる。
十のくらいは、くり上げた1とで、
1+3+1＝5

⑨
```
  8 3
+   8
  9 1
```
一のくらいは、
3+8＝11
十のくらいに1くり上げる。
十のくらいは、くり上げた1とで、1+8＝9

4　くらいをたてにそろえて、ひっ算をします。とくに1けたの数がはいるときは、気をつけましょう。

👑 **5**　**100までの たし算の ひっ算**

1　①27　②48　③88　④96

⑤99　⑥67　⑦93　⑧70

⑨69　⑩47　⑪97　⑫58

⑬42　⑭72　⑮81　⑯96

⑰86　⑱91　⑲90　⑳80

㉑65　㉒34　㉓81　㉔42

② ①69　②78　③63　④57

⑤73　⑥78　⑦54　⑧90

⑨87　⑩98　⑪82　⑫69

⑬81　⑭30　⑮77　⑯90

③
① 52 + 33 = 85
② 16 + 60 = 76
③ 36 + 49 = 85
④ 75 + 3 = 78
⑤ 8 + 28 = 36

🏠おうちの方へ

たし算のひっ算は、くらいをたてにそろえてかくこと、一のくらいからじゅんに計算することをしっかりみにつけましょう。

また、くり上がりにも気をつけます。くり上がりをわすれてしまったり、くり上がりがないのに 1 をたしてしまったりしないようにしましょう。

① ⑬〜㉔
② ③、⑤、⑦、⑧、⑪、⑬、⑭、⑯
③ ③、⑤

くり上がりがあるので、気をつけましょう。

👑6 たし算の 答えの たしかめ

①
▼ひっ算　24 + 31 = 55
▼たしかめ　31 + 24 = 55

②
① ひっ算 16 + 32 = 48　たしかめ 32 + 16 = 48
② ひっ算 48 + 20 = 68　たしかめ 20 + 48 = 68
③ ひっ算 56 + 37 = 93　たしかめ 37 + 56 = 93
④ ひっ算 32 + 18 = 50　たしかめ 18 + 32 = 50
⑤ ひっ算 73 + 5 = 78　たしかめ 5 + 73 = 78
⑥ ひっ算 9 + 64 = 73　たしかめ 64 + 9 = 73

③
① ひっ算 72 + 15 = 87　たしかめ 15 + 72 = 87
② ひっ算 53 + 30 = 83　たしかめ 30 + 53 = 83
③ ひっ算 28 + 67 = 95　たしかめ 67 + 28 = 95
④ ひっ算 65 + 26 = 91　たしかめ 26 + 65 = 91
⑤ ひっ算 44 + 16 = 60　たしかめ 16 + 44 = 60
⑥ ひっ算 31 + 49 = 80　たしかめ 49 + 31 = 80
⑦ ひっ算 82 + 6 = 88　たしかめ 6 + 82 = 88
⑧ ひっ算 6 + 37 = 43　たしかめ 37 + 6 = 43

🏠おうちの方へ

たし算のせいしつをつかって、答えをたしかめます。

①②③ たされる数とたす数を入れかえてたし算をし、答えが同じになっているかたしかめます。

② ②
たされる数… 48　　　 20 …たす数
たす数… +20　　　 +48 …たされる数
答え… 68　　　 68 …答え

👑7 くり下がりの ない ひき算の ひっ算

① ①32　②62

② ①22　②13　③24　④41
⑤27　⑥3　⑦7　⑧26
⑨61　⑩24　⑪31　⑫84
⑬96　⑭52　⑮40　⑯70

③ ①12　②14　③21　④64
⑤30　⑥3　⑦2　⑧2
⑨71　⑩51　⑪42　⑫82
⑬31　⑭91　⑮20　⑯60

④

①	②	③
65	59	34
−13	−47	− 2
52	12	32

④ 84
− 62
22

⑤ 24
− 21
3

⑥ 78
− 6
72

🏠 **おうちの方へ**　ひき算のひっ算も、たし算のひっ算と同じように、くらいをたてにそろえてかきます。とくに、

（2けた）−（1けた）では、まちがえやすくなるので気をつけましょう。

❷ ① 34　一のくらいは、4−2＝2
　　−12　十のくらいは、3−1＝2
　　22

⑥、⑦答えの十のくらいが0になるときは、0はかきません。

❹ ③、⑥つぎのようにくらいをまちがえないようにしましょう。

③
	3	4
×	−	2
	1	4

⑥
	7	8
×	−	6
	1	8

👑8 くり下がりの　ある　ひき算の　ひっ算

❶ ①26　②16

❷ ①38　②26　③17　④18
⑤48　⑥25　⑦4　⑧18
⑨29　⑩67　⑪47　⑫39
⑬19　⑭75　⑮87　⑯52

❸ ①49　②29　③12　④18
⑤28　⑥28　⑦7　⑧9
⑨37　⑩18　⑪66　⑫47
⑬79　⑭86　⑮28　⑯34

❹

①	②	③
57	70	91
−39	−19	− 4
18	51	87

④ 40
−31
9

⑤ 82
−76
6

⑥ 50
− 7
43

🏠 **おうちの方へ**　一のくらいの計算がひけないときは、十のくらいから1くり下げます。このとき、ひかれる数の十のくらいの数を＼でけし、1くり下げたのこりの数をかくようにしましょう。

また、はんたいにひく（下のだんの数から上のだんの数をひく）まちがいをすることもあります。かならず、上のだんの数から下のだんの数をひきます。

❷ ② 7̸2　一のくらいは、2から6
　　−46　はひけないので、十のく
　　26　らいから1くり下げて、
　　　　12−6＝6

十のくらいは、1くり下げたので、
6−4＝2

⑨ 3̸5　一のくらいは、5から6
　− 6　はひけないので、十のく
　29　らいから1くり下げて、
　　　15−6＝9

十のくらいは、1くり下げたので2

👑9 100までの　ひき算　ひっ算

❶ ①42　②12　③31　④33　⑤21
⑥40　⑦1　⑧2　⑨33　⑩83
⑪50　⑫20　⑬37　⑭48　⑮37
⑯14　⑰19　⑱15　⑲9　⑳1
㉑39　㉒78　㉓57　㉔63

❷ ①12　②33　③16　④54　⑤22
⑥9　⑦44　⑧30　⑨25　⑩17
⑪32　⑫27　⑬15　⑭6　⑮94
⑯16

❸

①	②	③
64	73	50
−41	−34	−28
23	39	22

④ 98
− 5
93

⑤ 42
− 4
38

おうちの方へ ひき算のひっ算も、たし算と同じようにくらいをそろえてかいて、一のくらいからじゅんに計算します。

くり下がりにも気をつけましょう。くり下がりをわすれてしまったり、くり下がりがないのに1をひいてしまったりしないようにします。

1　⑬～㉔

2　③、⑥、⑦、⑨、⑩、⑫、⑬、⑯

3　②、③、⑤

くり下がりがあるので、気をつけて計算しましょう。

10　ひき算の　答えの　たしかめ

1

▼ひっ算
```
  6 7
- 1 4
  5 3
```
▼たしかめ
```
  1 4
+ 5 3
  6 7
```

2 ① ひっ算
```
  7 8
- 6 4
  1 4
```
たしかめ
```
  6 4
+ 1 4
  7 8
```
② ひっ算
```
  3 2
- 1 8
  1 4
```
たしかめ
```
  1 8
+ 1 4
  3 2
```

③ ひっ算
```
  6 5
- 2 7
  3 8
```
たしかめ
```
  2 7
+ 3 8
  6 5
```
④ ひっ算
```
  5 0
- 3 6
  1 4
```
たしかめ
```
  3 6
+ 1 4
  5 0
```

⑤ ひっ算
```
  4 3
-   4
  3 9
```
たしかめ
```
    4
+ 3 9
  4 3
```
⑥ ひっ算
```
  3 0
-   6
  2 4
```
たしかめ
```
    6
+ 2 4
  3 0
```

3 ① ひっ算
```
  8 6
- 3 5
  5 1
```
たしかめ
```
  3 5
+ 5 1
  8 6
```
② ひっ算
```
  4 3
- 1 9
  2 4
```
たしかめ
```
  1 9
+ 2 4
  4 3
```

③ ひっ算
```
  5 4
- 2 6
  2 8
```
たしかめ
```
  2 6
+ 2 8
  5 4
```
④ ひっ算
```
  3 2
- 1 7
  1 5
```
たしかめ
```
  1 7
+ 1 5
  3 2
```

⑤ ひっ算
```
  7 0
- 6 4
    6
```
たしかめ
```
  6 4
+   6
  7 0
```
⑥ ひっ算
```
  4 0
- 3 8
    2
```
たしかめ
```
  3 8
+   2
  4 0
```

⑦ ひっ算
```
  6 7
-   9
  5 8
```
たしかめ
```
    9
+ 5 8
  6 7
```
⑧ ひっ算
```
  9 0
-   3
  8 7
```
たしかめ
```
    3
+ 8 7
  9 0
```

おうちの方へ ひき算のせいしつをつかって、答えをたしかめます。

❶❷❸ ひく数に答えをたして、ひかれる数になっているかたしかめます。

❷ ②　ひっ算　　たしかめ

ひかれる数…32　　18…ひく数
ひく数…-18　　+14…答え
答え…　14　　32…ひかれる数

11　まとめの　テスト

1 ①38　②68　③66　④75

⑤91　⑥84　⑦71　⑧80

⑨81　⑩30　⑪21　⑫70

2 ① ひっ算
```
  2 5
+ 4 8
  7 3
```
たしかめ
```
  4 8
+ 2 5
  7 3
```
② ひっ算
```
    8
+ 7 6
  8 4
```
たしかめ
```
  7 6
+   8
  8 4
```

3 ①41　②23　③4　④32

⑤36　⑥39　⑦13　⑧9

⑨16　⑩77　⑪56　⑫68

4 ① ひっ算
```
  4 2
- 1 5
  2 7
```
たしかめ
```
  1 5
+ 2 7
  4 2
```
② ひっ算
```
  9 6
-   7
  8 9
```
たしかめ
```
    7
+ 8 9
  9 6
```

おうちの方へ まちがえたところは、もういちどふくしゅうしましょう。とくに、たし算やひき算のひっ算では、くり上がり、くり下がりに気をつけます。

❷❹ たし算やひき算の答えのたしかめかたは、しっかりみにつけておきたいところです。

👑12 1000までの 数

1 ①345 ②406 ③230
　④863 ⑤520

2 ①682 ②530 ③7、2、4
　④100、1

3 ①120 ②370 ③14
　④53 ⑤399、401
　⑥300、400 ⑦800、820
　⑧10 ⑨990 ⑩999

👑13 何十の 計算

1 ①110 ②130
　③110 ④120
　⑤120 ⑥150
　⑦120 ⑧110
　⑨170 ⑩140
　⑪110 ⑫150

2 ①70 ②40
　③80 ④80
　⑤90 ⑥90
　⑦60 ⑧80
　⑨80 ⑩70
　⑪90 ⑫70

3 ①130 ②160
　③150 ④160
　⑤110 ⑥130
　⑦140 ⑧110
　⑨120 ⑩140
　⑪180 ⑫130

4 ①80 ②90
　③70 ④80
　⑤60 ⑥90
　⑦90 ⑧30
　⑨70 ⑩90
　⑪80 ⑫50
　⑬50 ⑭40

👑14 何百の 計算①

1 ①600 ②700
　③500 ④900
　⑤900 ⑥700
　⑦800 ⑧800
　⑨900 ⑩800
　⑪500 ⑫700

2 ①200 ②400
　③300 ④200
　⑤200 ⑥300
　⑦300 ⑧500
　⑨300 ⑩100

3 ①320 ②760
　③540 ④810
　⑤980 ⑥570
　⑦603 ⑧802
　⑨308 ⑩905

4 ①300 ②500
　③900 ④700
　⑤600 ⑥800
　⑦400 ⑧700
　⑨600 ⑩300
　⑪500 ⑫900

🐰 15 数の 大小

❶ ①< ②>

❷ ①< ②> ③> ④<
⑤> ⑥> ⑦< ⑧>
⑨> ⑩< ⑪> ⑫>
⑬< ⑭> ⑮>

❸ ①< ②=
③< ④< ⑤> ⑥<
⑦= ⑧= ⑨= ⑩>

❹ ①> ②< ③< ④<
⑤< ⑥< ⑦> ⑧<
⑨= ⑩>

🐰 16 （ ）を つかった しき

❶ ⑦22 ①12+(6+4)=22

❷ ①28 ②24 ③29 ④25
⑤33 ⑥37 ⑦46 ⑧54
⑨73 ⑩82 ⑪63 ⑫97
⑬45 ⑭76 ⑮81

❸ ①20 ②30 ③33 ④36
⑤38 ⑥43 ⑦76 ⑧65
⑨57 ⑩82 ⑪54 ⑫68
⑬81 ⑭93 ⑮65 ⑯87

❹ ①26 ②27 ③35 ④53
⑤32 ⑥76 ⑦84 ⑧47
⑨63 ⑩88

1 ①35 ②43 ③21 ④51
⑤83 ⑥22 ⑦92 ⑧31
⑨74 ⑩43 ⑪50 ⑫81
⑬92 ⑭31 ⑮43 ⑯73
⑰34 ⑱65 ⑲62 ⑳86
㉑50 ㉒91 ㉓78 ㉔43
㉕84

2 ①54 ②42 ③73 ④43
⑤90 ⑥60 ⑦40 ⑧35
⑨63 ⑩41 ⑪41 ⑫75
⑬83 ⑭51 ⑮60 ⑯41
⑰75 ⑱88 ⑲47 ⑳39
㉑54 ㉒53 ㉓60 ㉔82
㉕61

おうちの方へ **1** たし算のあん算では、たして「何十」になるようにたす数を2つにわけます。
③4を3と1にわけます。17と3で20。20と1で21。

18 ひき算の あん算

1 ①15 ②39 ③68 ④18
⑤87 ⑥58 ⑦23 ⑧17
⑨49 ⑩74 ⑪38 ⑫58
⑬78 ⑭68 ⑮47 ⑯89
⑰59 ⑱28 ⑲16 ⑳76
㉑66 ㉒29 ㉓86 ㉔46
㉕79

2 ①42 ②38 ③27 ④19
⑤19 ⑥51 ⑦37 ⑧76
⑨48 ⑩55 ⑪82 ⑫79
⑬55 ⑭38 ⑮37 ⑯73
⑰89 ⑱69 ⑲59 ⑳49
㉑84 ㉒67 ㉓38 ㉔56
㉕28

おうちの方へ **1** ひき算のあん算では、ひいて「何十」になるように、ひく数を2つにわけます。
④9を7と2にわけます。27から7をひいて20。20から2をひいて18。また、27を20と7にわけて、20から9をひいて11。11と7で、18とも考えられます。また、27を10と17にわけ、17から9をひいて8、10と8で18と考えてもよいでしょう。

19 まとめの テスト

1 ①> ②= ③< ④<
2 ①278 ②530 ③709
④400 ⑤473 ⑥610
3 ①160 ②130 ③900 ④600
⑤840 ⑥260
4 ①40 ②60 ③500 ④300
⑤300 ⑥900
5 ①45 ②90 ③83 ④67
6 ①72 ②34 ③48 ④77

おうちの方へ まちがえたところは、わかるまで、しっかりふくしゅうしましょう。

20 十のくらいが くり上がる たし算の ひっ算

1 ①135 ②149
2 ①125 ②126 ③119 ④177
⑤148 ⑥114 ⑦168 ⑧118
⑨117 ⑩119 ⑪138 ⑫121

⑬106 ⑭106 ⑮101 ⑯105

3 ①149 ②125 ③118 ④109

⑤139 ⑥109 ⑦158 ⑧157

⑨106 ⑩121 ⑪184 ⑫118

⑬118 ⑭118 ⑮107 ⑯119

4 ①　45
　　＋92
　　137

② 　63
　　＋83
　　146

③ 　70
　　＋73
　　143

④ 　54
　　＋60
　　114

⑤ 　16
　　＋91
　　107

⑥ 　88
　　＋20
　　108

🏠 **おうちの方へ**　十のくらいの計算が１
くり上がるときは、百のくらいに１を
かきます。十のくらいの左どなりが、百
のくらいになっていることをおもいだし
ましょう。

2 ② 　95
　　＋31
　　126

一のくらいは、
5＋1＝6
十のくらいは、
9＋3＝12
百のくらいに１くり上がるので、
百のくらいに１をかきます。

🐰 **21** 一のくらい、十のくらいが
くり上がる　たし算の　ひっ算

1 ①143 ②161

2 ①122 ②142 ③122 ④134

⑤111 ⑥113 ⑦120 ⑧140

⑨102 ⑩105 ⑪100 ⑫100

⑬104 ⑭102 ⑮100 ⑯100

3 ①135 ②106 ③141 ④108

⑤164 ⑥100 ⑦132 ⑧100

⑨115 ⑩101 ⑪113 ⑫103

⑬160 ⑭100 ⑮120 ⑯100

4 ①　77
　　＋65
　　142

② 　48
　　＋93
　　141

③ 　94
　　＋　7
　　101

④ 　56
　　＋86
　　142

⑤ 　64
　　＋38
　　102

⑥ 　　3
　　＋97
　　100

🏠 **おうちの方へ**　一のくらいの計算も、
十のくらいの計算もくり上がりのあるた
し算です。くり上がりに気をつけて計算
しましょう。

2 ② 　86
　　＋56
　　142

一のくらいは、
6＋6＝12
十のくらいに１くり上
げる。十のくらいは、くり上げた１
とで、1＋8＋5＝14
百のくらいに１くり上がるので、
百のくらいに１をかきます。

🐰 **22** たし算の　ひっ算①

1 ①165 ②113 ③167 ④129

⑤139 ⑥137 ⑦118 ⑧123

⑨128 ⑩107 ⑪109 ⑫106

⑬174 ⑭121 ⑮132 ⑯123

⑰111 ⑱130 ⑲104 ⑳100

㉑101 ㉒100 ㉓105 ㉔100

2 ①139 ②111 ③103 ④127

⑤183 ⑥118 ⑦104 ⑧100

⑨100 ⑩152 ⑪141 ⑫125

⑬134 ⑭153 ⑮103 ⑯107

3 ①　87
　　＋71
　　158

② 　53
　　＋50
　　103

③ 　64
　　＋97
　　161

④ 　24
　　＋76
　　100

⑤ 　　5
　　＋97
　　102

おうちの方へ **①** ①〜⑫十のくらいの計算にくり上がりがあります。⑬〜㉔一のくらいの計算も、十のくらいの計算もくり上がりがあります。
② 十のくらいの計算にくり上がりがあるたし算と、一のくらいの計算も、十のくらいの計算もくり上がりがあるたし算です。気をつけて計算しましょう。

23 たし算の ひっ算②

① ①119 ②157 ③116 ④129
⑤127 ⑥158 ⑦127 ⑧142
⑨166 ⑩104 ⑪106 ⑫108
⑬152 ⑭135 ⑮132 ⑯121
⑰111 ⑱150 ⑲102 ⑳100
㉑105 ㉒100 ㉓103 ㉔100

② ①115 ②121 ③100 ④109
⑤136 ⑥131 ⑦148 ⑧101
⑨128 ⑩142 ⑪131 ⑫160
⑬101 ⑭118 ⑮103 ⑯108

③
①
```
   64
  +71
  135
```
②
```
   48
  +60
  108
```
③
```
   85
  +56
  141
```
④
```
   19
  +87
  106
```
⑤
```
   92
  + 8
  100
```

おうちの方へ くり上がりをまちがえていないか、くらいのそろえかたをまちがえていないかたしかめましょう。

24 3つの 数の たし算

① ①75 ②93

② ①68 ②87 ③89 ④97
⑤48 ⑥59 ⑦89 ⑧66
⑨98 ⑩98 ⑪98 ⑫88

③ ①61 ②82 ③96 ④66
⑤86 ⑥75 ⑦98 ⑧62
⑨72 ⑩80 ⑪91 ⑫94
⑬132 ⑭171 ⑮140 ⑯180

④
①
```
   34
   21
  +15
   70
```
②
```
   16
   29
  +27
   72
```

おうちの方へ 3つの数のたし算は、たてにくらいをそろえて、3だんにかきます。一のくらいの3つの数をたし、つぎに十のくらいを計算します。このとき、十のくらいへのくり上がりに気をつけます。
② ①一のくらいは、2+6+0=8
十のくらいは、1+2+3=6
③ ①〜⑧十のくらいに1くり上がります。
⑨〜⑯十のくらいにくり上がるのは、1ではなく2です。
⑬〜⑯百のくらいに1くり上がります。

25 百のくらいから くり下がる ひき算の ひっ算

① ①74 ②83

② ①92 ②71 ③81
④81 ⑤63 ⑥93 ⑦82
⑧75 ⑨63 ⑩92 ⑪70
⑫75 ⑬52 ⑭31 ⑮70

③ ①93 ②77 ③81 ④81
⑤91 ⑥61 ⑦64 ⑧82
⑨81 ⑩71 ⑪92 ⑫50
⑬46 ⑭91 ⑮95 ⑯10

④
①
```
  135
 - 74
   61
```
②
```
  152
 - 81
   71
```
③
```
  116
 - 34
   82
```
④
```
  178
 - 98
   80
```
⑤
```
  106
 - 52
   54
```
⑥
```
  101
 - 71
   30
```

🏠 **おうちの方へ** ひかれる数が 3 けた
になっても、2 けたのときと同じように
くらいをたてにそろえてかきます。そし
て、一のくらい、十のくらいとじゅんに
ひき算をします。十のくらいがひけない
ときは、百のくらいから 1 くり下げます。

❷ ①　178　　一のくらいは、
　　　－ 86　　8－6＝2
　　　　 92　　十のくらいは、7 から

8 はひけないので、百のくらいから
1 くり下げて、17－8＝9

⑬　103　　一のくらいは、
　　－ 51　　3－1＝2
　　　 52　　十のくらいは、0 から

5 はひけないので、百のくらいから
1 くり下げて、10－5＝5

26 十のくらい、百のくらいから くり下がる ひき算の ひっ算

❶ ①59　②88

❷ ①67　②87　③58
　④66　⑤79　⑥89　⑦77
　⑧79　⑨58　⑩58　⑪66
　⑫98　⑬96　⑭98　⑮99

❸ ①88　②89　③97　④88
　⑤97　⑥59　⑦87　⑧64
　⑨86　⑩98　⑪73　⑫87
　⑬89　⑭78　⑮48　⑯99

❹ ①　164　②　114　③　143
　　－ 87　　－ 56　　－ 47
　　　 77　　　 58　　　 96

④　128　⑤　153　⑥　192
　－ 49　　－ 84　　－ 97
　　 79　　　 69　　　 95

🏠 **おうちの方へ** 一のくらいがひけない
ときは十のくらいから 1 くり下げ、十
のくらいがひけないときは百のくらい
から 1 くり下げます。くり下がりがふ
えるとまちがえやすいので、気をつけま
しょう。

27 一のくらいが 0 の 数から ひく ひき算の ひっ算

❶ ①87　②73

❷ ①75　②57　③84
　④76　⑤88　⑥54　⑦69
　⑧67　⑨83　⑩61　⑪72
　⑫75　⑬48　⑭97　⑮95

❸ ①59　②73　③86　④78
　⑤53　⑥84　⑦67　⑧97
　⑨56　⑩79　⑪23　⑫65
　⑬44　⑭38　⑮92　⑯85

❹ ①　140　②　130　③　110
　　－ 81　　－ 59　　－ 63
　　　 59　　　 71　　　 47

④　120　⑤　170　⑥　150
　－ 87　　－ 91　　－ 52
　　 33　　　 79　　　 98

🏠 **おうちの方へ** ひかれる数の一のくら
いが 0 のときも、そのほかの数のとき
と同じように計算をします。0 からはひ
けないので、十のくらいから 1 くり下
げます。

❷ ①　　170　　一のくらいは、0 から
　　　 － 95　　5 はひけないので、十
　　　　 75　　のくらいから 1 くり
　　　　　　　下げて、
　　　　　　　10－5＝5
十のくらいは、1 くり下げたので 6。
百のくらいから 1 くり下げて、
16－9＝7

28 十のくらいが 0 の 数から ひく ひき算の ひっ算

❶ ①67　②28

❷ ①58　②89　③68
　④79　⑤48　⑥34　⑦16
　⑧27　⑨9　⑩57　⑪6
　⑫97　⑬98　⑭98　⑮95

3 ①74 ②97 ③49 ④9
⑤29 ⑥59 ⑦96 ⑧29
⑨85 ⑩8 ⑪73 ⑫66
⑬98 ⑭38 ⑮17 ⑯92

4
①
$$\begin{array}{r}104\\-\ 65\\\hline 39\end{array}$$
②
$$\begin{array}{r}106\\-\ 37\\\hline 69\end{array}$$
③
$$\begin{array}{r}102\\-\ \ \ 5\\\hline 97\end{array}$$

④
$$\begin{array}{r}101\\-\ 92\\\hline 9\end{array}$$
⑤
$$\begin{array}{r}100\\-\ 83\\\hline 17\end{array}$$
⑥
$$\begin{array}{r}100\\-\ \ \ 6\\\hline 94\end{array}$$

🏠 **おうちの方へ** ひかれる数の十のくらいが0のひき算は、ひっ算のなかでいちばんつまずきやすいところです。しっかりマスターしましょう。

十のくらいからくり下げられないときは、まず、百のくらいから十のくらいに1くり下げて十のくらいを10にします。つぎに、十のくらいから一のくらいに1くり下げて、一のくらいを計算します。

2 ①
$$\begin{array}{r}1\ \overset{9}{\cancel{0}}3\\-\ \ 45\\\hline 58\end{array}$$
百のくらいから1くり下げて、十のくらいを10にします。十のくらいから1くり下げて、13−5＝8

十のくらいは、1くり下げたから9。
9−4＝5

⑫
$$\begin{array}{r}1\ \overset{9}{\cancel{0}}6\\-\ \ \ \ 9\\\hline 97\end{array}$$
百のくらいから1くり下げて、十のくらいを10にします。十のくらいから1くり下げて、16−9＝7

十のくらいは、1くり下げたから9。

👑29 ひき算の ひっ算①

1 ①92 ②81 ③65 ④92
⑤94 ⑥90 ⑦72 ⑧30
⑨85 ⑩59 ⑪58 ⑫77

---

⑬99 ⑭96 ⑮77 ⑯74
⑰26 ⑱79 ⑲9 ⑳62
㉑97 ㉒95 ㉓96 ㉔97

2 ①81 ②67 ③8 ④82
⑤94 ⑥77 ⑦78 ⑧91
⑨98 ⑩77 ⑪47 ⑫68
⑬36 ⑭70 ⑮98 ⑯58

3 ①
$$\begin{array}{r}148\\-\ 63\\\hline 85\end{array}$$
②
$$\begin{array}{r}105\\-\ 74\\\hline 31\end{array}$$
③
$$\begin{array}{r}171\\-\ 95\\\hline 76\end{array}$$

④
$$\begin{array}{r}100\\-\ 43\\\hline 57\end{array}$$
⑤
$$\begin{array}{r}107\\-\ \ \ 9\\\hline 98\end{array}$$

🏠 **おうちの方へ** くり下がりに気をつけて計算しましょう。とくに、十のくらいが0のときはまちがえやすいので、気をつけましょう。

1 ⑰〜㉔百のくらいから1くり下げて、十のくらいを10にします。十のくらいから1くり下げて一のくらいを計算します。十のくらいは1くり下げたので、9になっていることに気をつけましょう。

👑30 ひき算の ひっ算②

1 ①61 ②81 ③94 ④81
⑤93 ⑥50 ⑦81 ⑧50
⑨69 ⑩66 ⑪89 ⑫77
⑬98 ⑭97 ⑮79 ⑯87
⑰56 ⑱48 ⑲9 ⑳57
㉑99 ㉒97 ㉓98 ㉔99

2 ①72 ②69 ③99 ④31
⑤92 ⑥5 ⑦83 ⑧6
⑨97 ⑩58 ⑪37 ⑫76
⑬22 ⑭67 ⑮90 ⑯99

3 ① 125 ② 154 ③ 132
　　　－ 61 　　－ 70 　　－ 86
　　　　64 　　　　84 　　　　46

　④ 103 ⑤ 102
　　　－ 57 　　－ 　9
　　　　46 　　　　93

🏠 **おうちの方へ** ❶ ①～⑧ 十のくらいがひけないひっ算です。

⑨～⑳ 一のくらいも十のくらいもひけないひっ算です。十のくらいからくり下げられないときは、百のくらいからくり下げます。

⑰ 百のくらいから1くり下げて十のくらいを10にします。

十のくらいから1くり下げて、
13－7＝6
十のくらいは、1くり下げたから、
9－4＝5
まちがえたところは、しっかりふくしゅうしましょう。十のくらいが0のひき算もすらすらできるようにしておきましょう。

👑 31 まとめの テスト

1 ① 136 ② 119 ③ 148 ④ 107
　⑤ 124 ⑥ 124 ⑦ 112 ⑧ 120
　⑨ 101 ⑩ 100 ⑪ 103 ⑫ 101

2 ① 30 ② 13
　　　 14 　　 45
　　 ＋52 　 ＋37
　　　 96 　　 95

3 ① 92 ② 75 ③ 80 ④ 76
　⑤ 78 ⑥ 89 ⑦ 99 ⑧ 67
　⑨ 78 ⑩ 38 ⑪ 95 ⑫ 99

4 ① 137 ② 101
　　　－ 89 　　－ 　5
　　　　48 　　　　96

🏠 **おうちの方へ** ❶ 百のくらいへのくり上がりがしっかりできているかをたしかめましょう。

❷ 3つの数のひっ算です。くらいをたてにそろえて、3だんにかきます。

❸・❹ 百のくらいからのくり下がりがしっかりできているかをたしかめましょう。とくに、一のくらいがひけなくて、十のくらいが0のときのひっ算のしかたにちゅういします。

まちがえたところは、ふくしゅうしておきましょう。

👑 32 3けたの 数の たし算の ひっ算

1 ①823 ②383

2 ①639 ②529 ③253
　④162 ⑤432 ⑥711 ⑦940
　⑧184 ⑨775 ⑩382 ⑪534
　⑫692 ⑬254 ⑭480

3 ①318 ②976 ③465 ④541
　⑤732 ⑥293 ⑦812 ⑧150
　⑨668 ⑩587 ⑪191 ⑫381
　⑬275 ⑭893 ⑮433 ⑯770

4 ① 952 ② 327 ③ 436
　　＋ 　7 　＋ 　3 　＋ 22
　　　959 　　330 　　458

　④ 206 ⑤ 814 ⑥ 506
　　＋ 　8 　＋ 53 　＋ 39
　　　214 　　867 　　545

❷ ③
```
  2 4 8
+     5
─────
  2 5 3
```
一のくらいは、8+5=13 十のくらいに1くり上げる。

十のくらいは、くり上げた1とで1+4=5 百のくらいは2。

⑩
```
  3 2 4
+   5 8
─────
  3 8 2
```
一のくらいは、4+8=12 十のくらいに1くり上げる。

十のくらいは、くり上げた1とで1+2+5=8 百のくらいは3。

33 3けたの 数の ひき算の ひっ算

❶ ①279　②548

❷ ①431　②813　③386
　④248　⑤616　⑥907　⑦539
　⑧732　⑨412　⑩838　⑪226
　⑫539　⑬608　⑭924

❸ ①653　②230　③579　④938
　⑤357　⑥438　⑦807　⑧788
　⑨513　⑩925　⑪218　⑫335
　⑬627　⑭415　⑮809　⑯727

❹ ①
```
  3 7 4
-     3
─────
  3 7 1
```
②
```
  6 9 2
-     6
─────
  6 8 6
```
③
```
  4 5 8
-   1 7
─────
  4 4 1
```

④
```
  2 1 5
-     9
─────
  2 0 6
```
⑤
```
  5 6 1
-   3 8
─────
  5 2 3
```
⑥
```
  8 7 5
-   6 8
─────
  8 0 7
```

❷ ③
```
  3 9 2
-     6
─────
  3 8 6
```
一のくらいは、2から6はひけないので、十のくらいから1くり下げて、12-6=6

十のくらいは、1くり下げたので8。百のくらいは3。

⑩
```
  8 6 4
-   2 6
─────
  8 3 8
```
一のくらいは、4から6はひけないので、十のくらいから1くり下げて、14-6=8

十のくらいは、1くり下げたので5。5-2=3 百のくらいは8。

34 3けたの 数の たし算と ひき算の ひっ算

❶ ①267　②529　③143　④735
　⑤422　⑥992　⑦316　⑧660
　⑨848　⑩689　⑪362　⑫493
　⑬591　⑭784　⑮972　⑯280

❷ ①
```
  8 8 7
+     2
─────
  8 8 9
```
②
```
  5 6 2
+     9
─────
  5 7 1
```
③
```
  1 1 4
+     6
─────
  1 2 0
```

④
```
  7 2 4
+   5 4
─────
  7 7 8
```
⑤
```
  3 5 2
+   1 8
─────
  3 7 0
```

❸ ①622　②340　③567　④229
　⑤448　⑥918　⑦708　⑧857
　⑨512　⑩827　⑪324　⑫629
　⑬228　⑭448　⑮909　⑯707

❹ ①
```
  3 9 7
-     3
─────
  3 9 4
```
②
```
  7 2 5
-     8
─────
  7 1 7
```
③
```
  4 3 0
-     6
─────
  4 2 4
```

④ 　625　⑤ 　283
　－ 　14　　－ 　56
　　611　　　227

🏠 **おうちの方へ**　3けたになっても、計算のしかたは2けたのときと同じです。よくまちがえるもんだいは、2けたの計算にもどってやりなおしてみるのもよいでしょう。

👑 35 10000までの 数

❶ ①2347
　②3025
　③4203
　④7020
　⑤9003
❷ ①3208
　②7060
　③5、8、1
　④1000、1

❸ ①1400
　②5600
　③12
　④73
　⑤7000、7200
　⑥2990、3010
　⑦1000
　⑧10000
❹ ①<　②>
　③>　④<

🏠 **おうちの方へ**　百のくらいのつぎは、千のくらいになります。なれるまでは、4つのます目で、右から一、十、百、千と考えていくとよいでしょう。
　また、1が10こで10、10が10こで100、100が10こで1000というように10あつまるとくらいが1つ大きくなることも、よくりかいしておきましょう。
❶ ④700020や72としないように、一、十、百、千のくらいを考えます。
❷ ④8は千のくらい、4は一のくらいですから、1000が8こ、1が4こになります。

👑 36 何百の 計算 ②

❶ ①1100　②1100　③1400
　④1300　⑤1600　⑥1200
　⑦1300　⑧1100　⑨1300
　⑩1500　⑪1200
❷ ①600　②300　③100
　④500　⑤800　⑥400
　⑦300　⑧200　⑨100
　⑩100　⑪700
❸ ①1200　②1200　③1800
　④1100　⑤1300　⑥1300
　⑦1200　⑧1400　⑨1200
　⑩1300　⑪1100　⑫1500
　⑬1500　⑭1400　⑮1300
　⑯1400
❹ ①900　②400　③200
　④400　⑤200　⑥200
　⑦200　⑧600　⑨400
　⑩400　⑪500　⑫500

🏠 **おうちの方へ**　何百の計算は、100のまとまりで考えます。くり上がり、くり下がりにも気をつけましょう。
❶ ②100のまとまりが 8+3=11
　100が11こで1100。
❷ ②100のまとまりが 9-6=3
　100が3こで300。

👑 37 まとめの テスト

❶ ①538　②722　③214　④670
　⑤395　⑥961　⑦880　⑧480
❷ ①762　②636　③828　④279
　⑤911　⑥336　⑦408　⑧515

3 ①5360 ②2107
③2600 ④72

4 ①5760、5670、5067(のじゅん)
②8976、8909、8694(のじゅん)
③6920、6812、6809(のじゅん)

5 ①1500 ②300
③1000 ④100

🏠 おうちの方へ **1**・**2**は、くり上がり、くり下がりに気をつけて計算しましょう。**3**～**5**は、大きい数のあらわしかたや計算になれておきましょう。

👑 38 しあげの テスト1

1 ①58 ②78 ③85 ④70
⑤32 ⑥21 ⑦16 ⑧88
⑨130 ⑩50
⑪600 ⑫700
⑬78 ⑭55

2
①
```
   25
   16
 +33
   74
```
②
```
   43
   24
 +55
  122
```
③
```
   51
   14
 +26
   91
```
④
```
   72
   38
 +15
  125
```

3 ①127 ②125 ③157 ④103
⑤102 ⑥100 ⑦55 ⑧54
⑨87 ⑩98 ⑪77 ⑫97
⑬372 ⑭517
⑮293 ⑯827

4 ①= ②< ③> ④>

🏠 おうちの方へ まちがえたところ、にがてなところは、もういちどよくふくしゅうしましょう。

👑 39 しあげの テスト2

1 ①65 ②46 ③63 ④90
⑤93 ⑥40 ⑦41 ⑧30
⑨27 ⑩9 ⑪18 ⑫48
⑬110 ⑭130
⑮700 ⑯370
⑰50 ⑱60
⑲600 ⑳500

2 ①135 ②107 ③141 ④100
⑤100 ⑥103 ⑦81 ⑧42
⑨89 ⑩97 ⑪6 ⑫99
⑬668 ⑭463 ⑮971 ⑯307

3 ①55 ②47
③97 ④67

🏠 おうちの方へ 2年生のたし算・ひき算のひっ算は、3年生の3けたの数どうしのたし算・ひき算のひっ算やかけ算のひっ算につながっていきます。大きな数の計算は、さらに大きな数の計算につながっていきます。しっかりふくしゅうしておきましょう。

👑 40 3年生の たし算・ひき算

★**1** ①856 ②527 ③916
★**2** ①141 ②382 ③472

🏠 おうちの方へ ここでは、先どり学しゅうとして、3年生でならう3けたの数のたし算・ひき算のひっ算のしかたをかんたんなばあいでしょうかいしています。
3けたどうしのたし算やひき算も、ひっ算のしかたは同じです。3年生で、もっとくわしく学しゅうします。

2年のたし算・ひき算